有机电致发光材料

双极性蓝光主体材料量化研究

武洁 阚玉和 编著　苏忠民 审

化学工业出版社

·北京·

内容简介

本书展示了作者近年来通过运用量子化学方法设计并研究大量双极性蓝色磷光主体材料（包括 D-A 型有机小分子、纳米环和纳米管等体系）的成果。本书分为 7 章，第 1 章是概述，对有机电致磷光器件、常见的磷光材料以及典型的红绿蓝色磷光主体材料进行综述；第 2 章是理论基础和计算方法，包括量子化学计算方法、电子激发态理论、分子激发态能量转移，以及本书理论计算中具体运用的计算方法；第 3～7 章是专题，按照不同的系列体系，分为五个章节，介绍通过量化手段研究体系的几何结构、前线分子轨道和单三激发态的分布和能级、芳香性、激发态的跃迁属性以及主客体能量转移机制，进而初步预测研究体系的电子和空穴注入能力以及是否适合用作各种颜色的磷光主体材料。

本书学术思想新颖，对磷光 OLED 的设计、合成和应用均具有重要的指导作用。本书还可以作为从事有机（聚合物）电致发光研究方面的参考书，也可以作为高等学校相关专业的教学参考书使用。

图书在版编目（CIP）数据

有机电致发光材料：双极性蓝色主体材料量化研究/武洁，阚玉和编著. —北京：化学工业出版社，2020.8（2023.1重印）
ISBN 978-7-122-37124-9

Ⅰ. ①有… Ⅱ. ①武…②阚… Ⅲ. ①电致发光-发光材料-研究 Ⅳ. ①TB39

中国版本图书馆 CIP 数据核字（2020）第 092357 号

责任编辑：陶艳玲　　　　　　　　　　　　　装帧设计：韩　飞
责任校对：杜杏然

出版发行：化学工业出版社（北京市东城区青年湖南街 13 号　邮政编码 100011）
印　　装：天津盛通数码科技有限公司
710mm×1000mm　1/16　印张 10½　字数 156 千字　2023 年 1 月北京第 1 版第 3 次印刷

购书咨询：010-64518888　　　　　　　　　售后服务：010-64518899
网　　址：http://www.cip.com.cn
凡购买本书，如有缺损质量问题，本社销售中心负责调换。

定　　价：79.00 元　　　　　　　　　　　　　　　版权所有　违者必究

前 言

蓝色磷光有机发光二极管（PhOLED）的研发进程滞后于红绿磷光器件，已经制约了高质量信息显示与白光照明发展。蓝色磷光器件性能不尽如人意的根本原因在于高效率的蓝色磷光材料的匮乏。近年来，国内外 OLED 研发者对蓝光磷光材料进行了广泛深入的研究，有力推动了蓝光和白光器件的向前发展，但距商业化生产的实现仍有相当的距离，蓝色 PhOLED 发光效率的提高依然是今后亟待解决的课题。

蓝色磷光材料对器件的其他部分（包括主体材料、传输层、阻挡层）提出相对苛刻的要求。特别对于主体材料，有效的主客体能量转移要求主体材料的三态能（大于 2.65eV）高于蓝色磷光材料的三态能，来实现三态激子有效局域在磷光材料上，实现客体磷光发射。相对于红绿光主体材料，有效的双极性蓝光主体材料仍然比较缺乏，这主要是由于一个材料很难同时具备高的三态能和平衡的电子空穴注入和传输能力。

本书的作者多年来致力于主体材料的设计和理论研究，通过运用多种量子化学手段，构建多种杂化模式的双极性主体材料，对其电子结构和性能之间的关系进行深入探索，同时对实验报道结果进行合理解释与模拟，还构建了有效的能量转移主客体系统。本研究成果为实验工作者提供理论指导。

该书包括 7 章内容：第 1 章概述（武洁），第 2 章理论基础和计算方法（阚玉和），第 3 章基于氧（硫）化膦/咔唑基蓝色磷光主体材料的理论研究——可有效调节电荷注入性能而不影响三态能（武洁），第 4 章基于苯咔唑/氧化膦的星形状的深蓝色磷光主体材料的量化表征和设计（武洁），第 5 章绿光到深蓝光磷光主体材料的理论设计（武洁、阙玉和），第 6 章基于氧化膦基（三苯胺）芴的深蓝光主体材料的量化表征和设计（武洁），第 7 章 1,4-BN 杂环对 [6] CPPs 的三态能、激子分布以及芳香性的调控机制研究（阙玉和、武洁）。其中，第 3~6 章是关于有机小分子双极性蓝光主体材料的研究，采用的设计策略是通过不同方式的非共轭连接给电子体（D）和受电子体基团（A），这种非共轭连接 D-A 结构不仅可以有效提高电子和空穴的注入和传输能力，还可以通过把三重激发态局域在给体或受体部分确保其高的三态能。第 7 章主要是对于 BN 掺杂修饰纳米环型主体材料的理论设计。BN 恰当位置的引入不仅赋予纳米环兼有给电子和受电子的性能，同时使其具有很高的三态能。该工作的部分内容已被收录在 Journal of Materials Chemistry C 杂志上。全书由长春理工大学苏忠民教授审定。

  本书的出版得到了内蒙古自治区自然科学基金项目"化学修饰纳米环型蓝色磷光主体材料的设计（2018BS02003）"和内蒙古自治区沙生灌木资源纤维化和能源化开发利用重点实验室的资助，在此表示衷心的感谢。

编著者
2020 年 1 月

目 录

第 1 章 概述 1
  1.1 有机电致磷光器件简介 3
  1.2 常见的磷光客体材料 5
  1.3 典型主体材料 7
    1.3.1 空穴传输主体材料 7
    1.3.2 电子传输主体材料 8
    1.3.3 双极性传输主体材料 9
  1.4 磷光主体材料的性能参数 20
    1.4.1 蓝光主体材料需要满足的条件 21
    1.4.2 主客体系统的能量转移机制 21
  1.5 本书的研究意义和内容 23
    1.5.1 研究意义 23
    1.5.2 研究内容 24

第 2 章 理论基础和计算方法 25
  2.1 量子化学计算方法 27
    2.1.1 价键理论 27
    2.1.2 分子轨道理论 28
    2.1.3 密度泛函理论 29
  2.2 电子激发态理论 32
    2.2.1 激发态的形成 32
    2.2.2 激发态的失活 33

2.2.3　最低单三重激发态及单三劈裂能 ………………… 35
　2.3　分子激发态能量转移 ………………………………………… 37
　　2.3.1　Förster 和 Dexter 转移机制 ………………………… 37
　　2.3.2　能量转移的影响因素 ………………………………… 38
　2.4　理论计算的主要手段 ………………………………………… 39
　　2.4.1　主要研究思路 ………………………………………… 39
　　2.4.2　计算程序和软件的熟练运用 ………………………… 40
　　2.4.3　理论计算方法的选取 ………………………………… 40
　　2.4.4　电子结构与性质的表征 ……………………………… 41

第3章　基于氧（硫）化膦/咔唑基蓝色磷光主体材料的理论研究——可有效调节电荷注入性能而不影响三态能 … 43

　3.1　引言 …………………………………………………………… 45
　3.2　计算方法 ……………………………………………………… 46
　3.3　结果与讨论 …………………………………………………… 49
　　3.3.1　研究体系分类 ………………………………………… 49
　　3.3.2　几何结构 ……………………………………………… 50
　　3.3.3　分子轨道和电荷注入 ………………………………… 52
　　3.3.4　三线态能和自旋密度分布 …………………………… 54
　　3.3.5　最低单三态劈裂能 …………………………………… 57
　3.4　本章小结 ……………………………………………………… 63

第4章　基于苯咔唑/氧化膦的星形状的深蓝色磷光主体材料的量化表征和设计 ………………………………… 65

　4.1　引言 …………………………………………………………… 67
　4.2　计算方法 ……………………………………………………… 69
　4.3　结果与讨论 …………………………………………………… 70

4.3.1　分子轨道和电荷注入 …………………………… 70
　　4.3.2　单三态跃迁属性和能量值 ………………………… 76
　　4.3.3　主体材料和磷光客体材料的匹配 ………………… 78
4.4　结论 ……………………………………………………… 79

第5章　绿光到深蓝光磷光主体材料的理论设计 ………………… 81
5.1　引言 ……………………………………………………… 83
5.2　计算方法 ………………………………………………… 85
5.3　结果与讨论 ……………………………………………… 88
　　5.3.1　分子轨道和最低单线激发态 ………………………… 88
　　5.3.2　三态能和 T_1 的跃迁特征 ……………………… 91
　　5.3.3　主体材料和磷光客体间能级匹配 …………………… 95
5.4　本章小结 ………………………………………………… 97

第6章　基于氧化膦基（三苯胺）芴的深蓝光主体材料的
　　　　量化表征和设计 ……………………………………… 99
6.1　引言 ……………………………………………………… 101
6.2　计算方法 ………………………………………………… 103
6.3　结果与讨论 ……………………………………………… 107
　　6.3.1　前线分子轨道和最低单线态 ………………………… 107
　　6.3.2　最低三态能及其跃迁属性 …………………………… 109
　　6.3.3　主体材料和磷光客体的匹配 ………………………… 115
6.4　本章小结 ………………………………………………… 118

第7章　1,4-BN 杂环对 [6]CPPs 的三态能、激子分布
　　　　以及芳香性的调控机制研究 …………………………… 119
7.1　引言 ……………………………………………………… 121
7.2　初步探索：单一 BN 杂环取代的 [6] CPP ……………… 124

7.3 寻求高三态能 BN-[6] CPP 分子的设计 ················ 128
　7.3.1 三态能 ··· 129
　7.3.2 芳香性 ··· 134
　7.3.3 电子/空穴的注入能力 ······························ 137
7.4 结论 ··· 138
7.5 计算方法 ··· 139

参考文献 ··· 141

第1章

概 述

第 1 章

緒 論

1.1 有机电致磷光器件简介

自从 1987 年美国柯达公司的 Tang 课题组实现了有机小分子 8-羟基喹啉铝（Alq_3）电致发光[1]以及 1990 年英国剑桥大学的 Burroughes[2]推出了高分子聚对苯撑乙烯（PPV）作为电致发光材料及器件以来，有机发光二极管（OLED）在全球学术界已逐步向着更宽、更深的层面不断发展和延伸，而设计出性能优良的发光材料是实现商业化的重要前提。

有机/高分子平板显示技术（OLED/PLED）与液晶显示和等离子体显示（LCD 和 PDP）等技术的显示方式不同，无需背光灯，采用非常薄的有机材料涂层和玻璃基板，易于实现大屏幕柔性显示、发光颜色连续可调，容易实现蓝光发射、视角广、成本低等特点，被视为是下一代最具潜力的新型平面显示技术，目前已成为平板显示技术的研究热点之一。最简单的有机发光二极管的结构为单层夹心式，主要由阳极、阴极、有机发光层组成。为了提高电荷传输效率，保持电子和空穴的注入平衡，一些多层结构的器件相继被开发出来。图 1-1 有机薄膜电致发光是注入型发光器件，电子和空穴分别

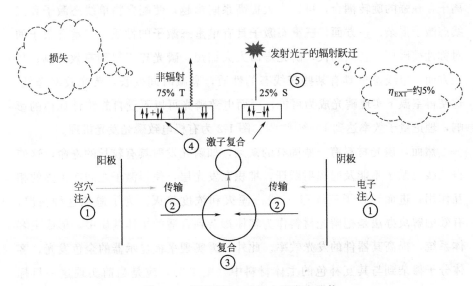

图 1-1 有机薄膜电致注入型发光器件

从阴极（Mg/Al 合金等低功函金属）和阳极（ITO）注入发光层中，并在发光材料上复合形成激子，然后通过辐射跃迁，发出可见光。

按照发光机理的不同，用于 OLED 中的发光材料可分为荧光材料和磷光材料。在电致发光过程中，来自阴极的电子和阳极的空穴分别注入电子和空穴的传输材料中，电子和空穴复合后，按照自旋量子统计理论，形成概率为 1：3 的单线态和三线态激子，并将能量传递给有机金属配合物，使其受激发。受激分子从激发态经过辐射弛豫过程回到基态时发光。根据跃迁对称性选择，只有 25％单线态激子可被利用，另外的 75％三线态激子辐射跃迁禁阻，以热的形式回到基态被浪费[3,4]。这样，单纯依靠单重态激子辐射衰减发光的荧光发光材料，其电致发光的内量子效率最大为 25％，外量子效率不超过 5％。因此，能够有效利用三线态激子进行辐射跃迁，即利用电致磷光是提高有机电致发光器件效率的最重要途径[5]。

1998 年，我国吉林大学的马於光教授，报道了采用锇配合物和铂配合物作为染料掺杂入发光层，第一次成功得到并解释了磷光电致发光现象[6]。随后，美国普林斯顿大学的 Forrest 和南加州大学的 Thompson 两课题组[7]合作，开创性地将 Pt 重金属磷光材料引入到电致发光器件，器件的外量子效率分别达到 4％和 8％，相对于电致荧光器件得到了极大的提高。这主要由于重金属离子存在强的旋转耦合，可以大大提高系间窜越，使配合物单线态激子和三线态激子混杂。一方面，三重态激子具有单重态激子的性质，三重态激子的对称性被破坏，衰减加快，磷光寿命大大缩短，磷光猝灭得到有效抑制；另一方面，单线态也具有某些三线态的性质，衰减时间变长，荧光效率降低，这使得室温下实现磷光成为可能，因而电致磷光可以不受自旋统计规律的影响，理论量子效率达到 100％[8~10]。图 1-2 为有机电致磷光发光机理。

然而，磷光材料有一些固有的缺点，如磷光发射具有较长的寿命，这使得三线态激子不能及时辐射跃迁，堆积在发光层，使得激子之间产生强的相互作用，进而导致了三线态-三线态湮灭和浓度猝灭。为了避免这种情况，有效的解决办法是把磷光材料作为客体掺杂到合适的主体基质中，形成主客体系统，提高其器件的发光效率。此外，为实现平板显示器的全色发光，客体分子掺杂到与其互补色的主体材料中（图 1-3），应是当前实现这一目标的重要手段。下面介绍常见的客体和主体材料。

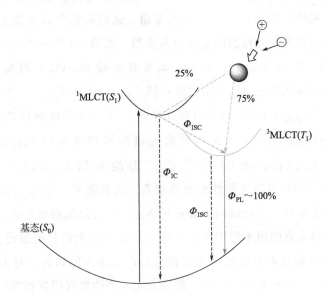

图 1-2 有机电致磷光发光机理

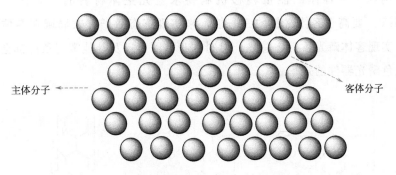

图 1-3 客体磷光材料掺杂到主体基质中

1.2 常见的磷光客体材料

自从 1998 年以来，对含有重金属的磷光材料如铱（Ir）[11~14]、铂（Pt）[15~21]、铼（Re）[22,23]、钌（Ru）[24~26]和锇（Os）[27,28]等金属配合物

的研究，取得了很大的发展，特别是对于磷光 Ir 化合物的研究。此类材料，由于具有好的热稳定性、较短的磷光寿命、强的磷光和高的发光效率等优点，成为电致磷光发光材料的主要研究类型。如图 1-4 所示为众所周知的磷光发光材料，包括蓝光的（4,6-二氟苯基吡啶-N，C2′）吡啶甲酰合铱（FIrpic）[29]，绿光的三（2-苯基吡啶）铱［Ir(ppy)$_3$］[30]、二（2-苯基吡啶）乙酰丙酮铱［(ppy)$_2$Ir(acac)］[31]和红光的二(1-苯基异喹啉)(乙酰丙酮)合铱[(piq)$_2$Ir(acac)][32]。由最高能磷光谱峰测得的蓝光 FIrpic、绿光 Ir(ppy)、红光［(piq)$_2$Ir(acac)］的三态能分别是 2.65eV，2.42eV，2.00eV。从不同颜色磷光器件的发展来看，蓝色磷光 OLED 的研发进程滞后于红绿磷光器件，已经制约了高质量信息显示与白光照明发展。蓝色磷光器件性能不尽人意的根本原因在于高效率的蓝色磷光材料的匮乏。近年来，国内外 OLED 研发者对蓝光磷光材料进行广泛深入的研究，有力推动了蓝光和白光器件的向前发展，但是，距商业化生产的实现仍有相当的距离，蓝色磷光材料发光效率的提高依然是今后亟待解决的课题。此外，蓝色磷光材料对器件的其他部分（包括主体材料、传输层、阻挡层）提出相对苛刻的条件。例如，主客体的能量转移机制要求蓝光主体材料的三态能（大于 2.65eV）要高于客体材料的三态能，来实现三态激子有效局域在客体分子上，实现客体磷光发射。总之，材料本身的因素以及其他客观条件都会影响到蓝色磷光器件的效率。

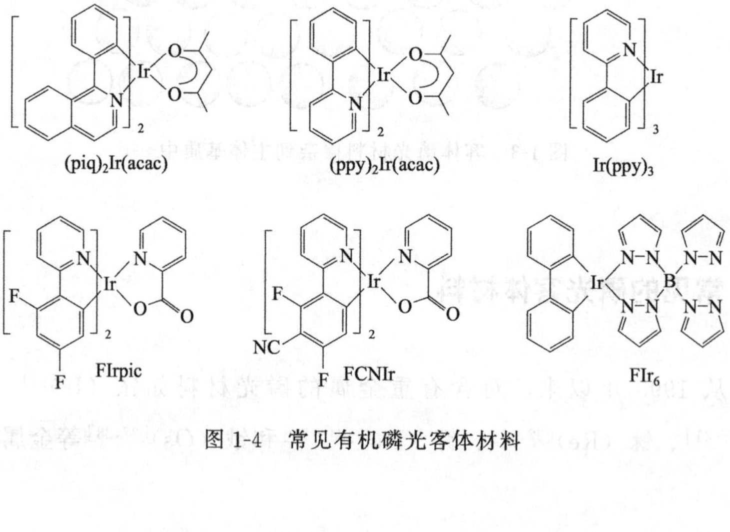

图 1-4 常见有机磷光客体材料

1.3 典型主体材料

一个合适的电致磷光主体材料通常具有好的载流子传输性能，因此分子结构通常兼有空穴传输单元或电子传输单元。具有给电子基团的分子通常有利于空穴传输，主要局限在咔唑、二苯胺、三苯胺等基团。相比之下，具有电子传输性能的拉电子基团种类很多，如图 1-5 所示。除此之外，磷光主体材料还需要有比客体材料高的三态能，使三态激子局域在客体材料上。按照材料的载流子传输性能，磷光主体材料主要分为空穴、电子及双极性主体材料。以下简要介绍典型的具有这三类传输性能的主体材料。

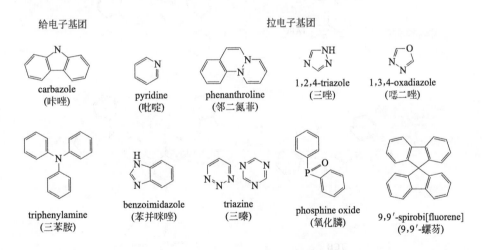

图 1-5 常见给电子基团和拉电子基团

1.3.1 空穴传输主体材料

带有空穴传输性能的主体材料要满足两个条件：①体系中具有给电子基团；②三态能高于客体材料。常见空穴传输主体材料主要为三苯胺类和咔唑类等，如图 1-6 所示。

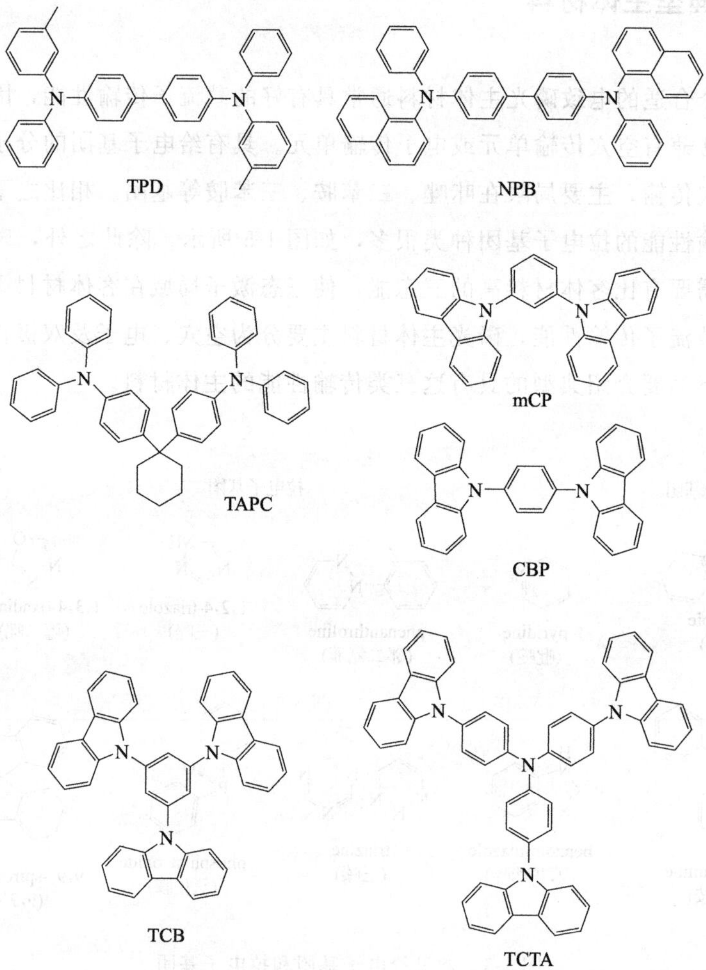

图 1-6　常见有机空穴传输主体材料

1.3.2　电子传输主体材料

电子传输性能的主体材料要满足两个条件：①体系中具有拉电子基团；②三态能高于客体材料，如图 1-7 所示。

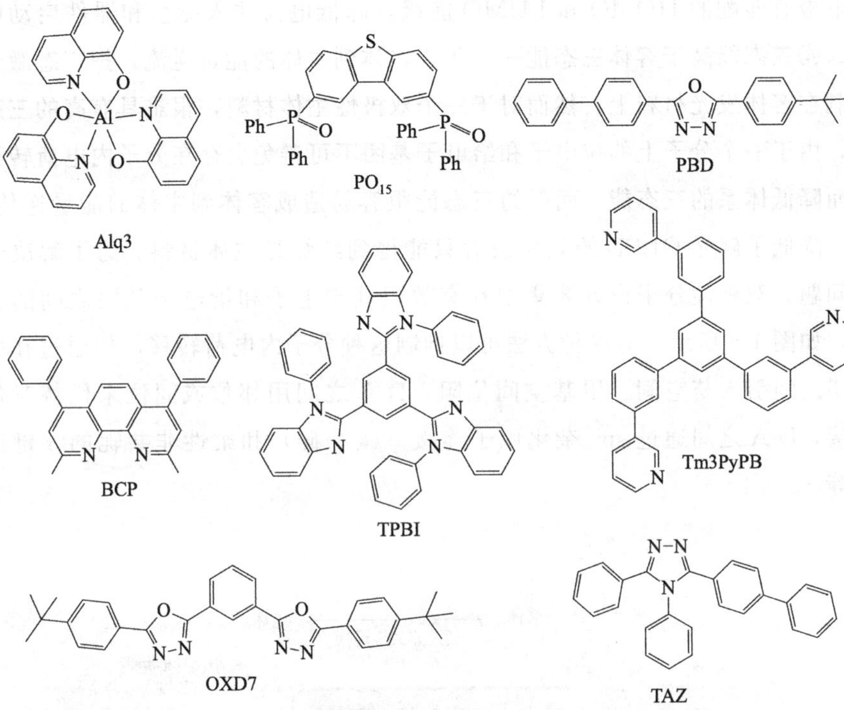

图 1-7 常见有机电子传输主体材料

1.3.3 双极性传输主体材料

近年来，由于双极性主体材料可以实现电子注入/传输/复合的平衡，大量的实验都致力于设计带有双极性特性的主体材料[29,33~67]。以下对双极性主体材料从分子结构的设计方案到主体性能的调节等方面做了详细介绍。

传统高效的双极性主体材料应该满足一些最基本的要求：①双极性有利于电子和空穴的注入和传输的平衡。正如上面所述，给电子基团（D）通常包括咔唑、二苯胺、三苯胺等，而拉电子基团（A）通常包括噁二唑、三唑、三嗪、苯并咪唑、吡啶和二苯膦酰基等。双极性分子一般同时具备这两类基团。②好的热稳定性和形态稳定性有利于延长器件的寿命。③与邻近层和电极有匹配的 HOMO 和 LUMO 能级，降低电荷注入能垒和器件启动电压。④三态能高于客体三态能——防止客体到主体的能量逆流，把三态激子限制在客体发光材料上。然而对于一个双极性主体材料，很难具有高的三态能，由于一个分子上的拉电子和给电子基团不可避免会存在分子内电荷转移进而降低体系的三态能，而低的三态能很容易造成客体到主体的能量逆传，最终降低了磷光 OLED 的效率或者只能得到红绿光主体材料。为了解决这个问题，双极性分子设计要集中在有效阻断拉电子和给电子基团之间的共轭，如图 1-8 所示。有多种方法可以抑制这种分子内电荷转移，如通过在两基团之间引入芴空间、甲基空间位阻，D-A 之间用邻位或间位来代替对位连接，D-A 之间通过 sp³-杂化原子连接（碳和硅）和柔性非共轭的 σ 键连接等。

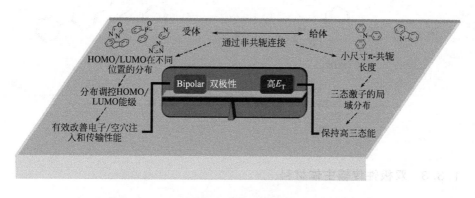

图 1-8 双极性主体材料的分子构造思想示意图

对于大多数双极性主体分子给电子基团部分主要局限在咔唑、二苯胺和三苯胺，通常具有高的三态能和好的空穴注入和传输能力，而拉电子基团（包括噁二唑、三唑、三嗪、苯并咪唑、吡啶、邻二氮杂菲和二苯膦酰基等）的注入可以有效调节电子的注入和传输能力和三态能。因此，除连接模式以外，不同拉电子基团的改变可以有效调节双极性主体材料的性能。以下分别列出不同拉电子基团与三苯胺或咔唑形成的双极性主体材料的结构式。

(1) 噁二唑类

在蓝色有机电致磷光器件中,众所周知的主体材料是 N,N-双咔唑-3,5 苯(mCP)[68],因为它有一个有利于主客体能量转移的较宽的三态能,2.9eV。然而,由于它的 LUMO 的能级很高(2.4eV),使得电子注入能力较低,因此要在含有咔唑或三苯胺骨架结构中引入如噁二唑类的吸电子基团来有效提高电子注入和传输性质[34,69~72],见图1-9、图1-10。然而,这种方法所得的体系的三线态明显降低,这可能是由于噁二唑基团作为三重激发态的主要贡献者。噁二唑/咔唑衍生物主体材料适用于红色或者绿色磷光 OLEDs。

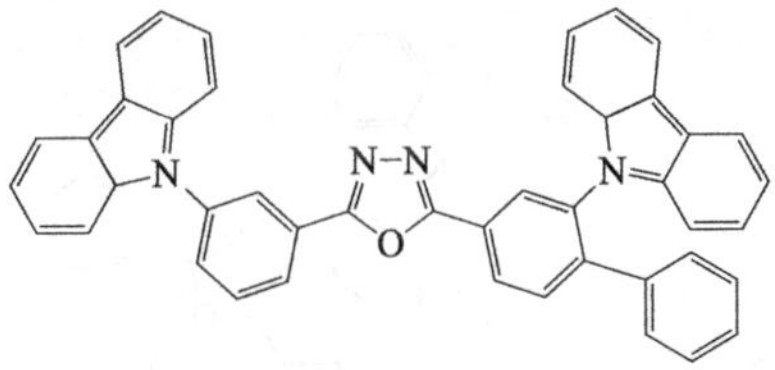

m-CzOXD

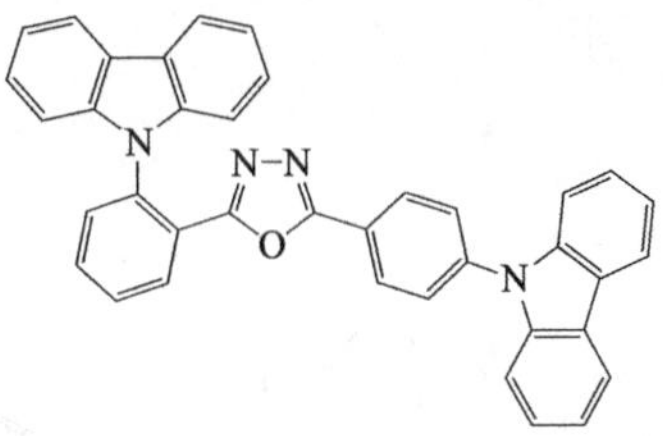

p-CzOXD

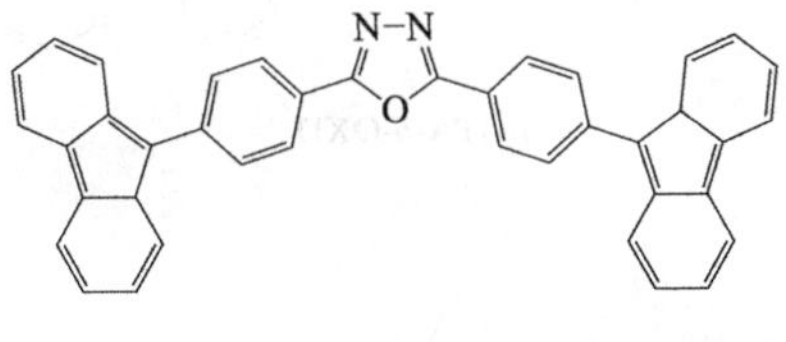

o-CzOXD

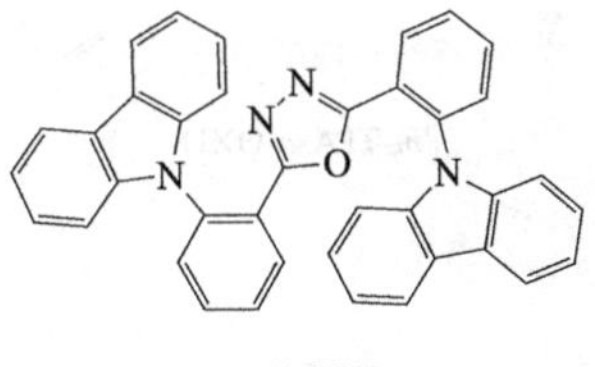

op-CzOXD

图 1-9 咔唑/噁二唑化合物

(2) 1,2,4-三唑类

在蓝色有机电致磷光器件中另一众所周知的主体材料为1,2,4-三唑类,由于它有高的三态能和好的电子传输性能,被用作有效的电子传输和空穴阻挡材料[9,73]。Kim 等人[74]阐述了一系列基于1,2,4-三唑和咔唑的双极性蓝光主体材料,其三态能随着不同的连接模式在2.8~3.0eV变化,电子传输性能较空穴传输要好些。Tao 等人[64]也报道了一系列1,2,4-三唑为核的三

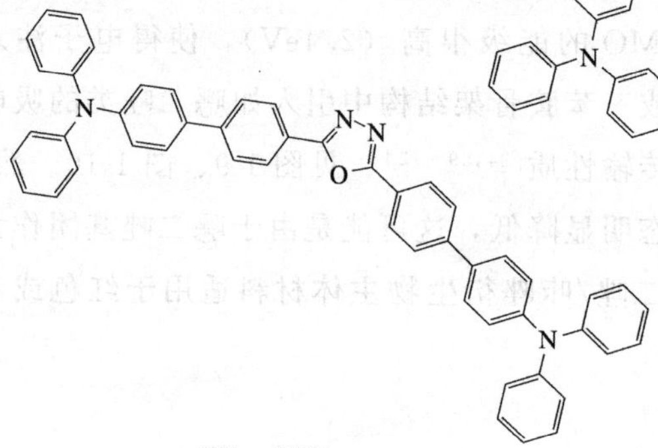

p-TPA-*p*-OXD

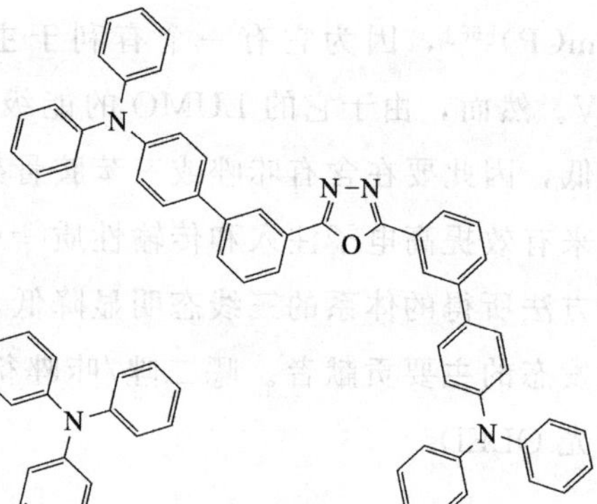

p-TPA-*m*-OXD

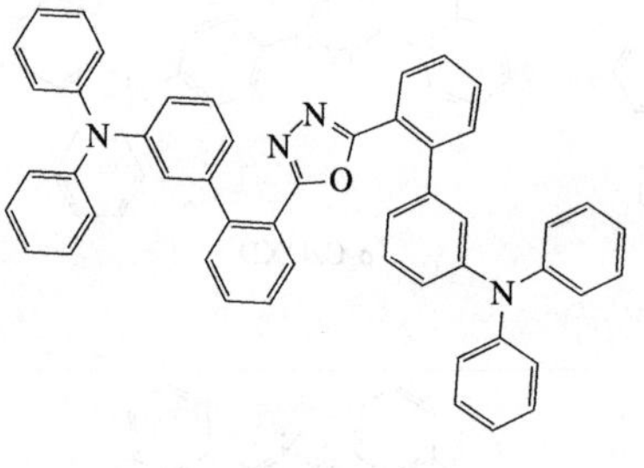

m-TPA-*o*-OXD

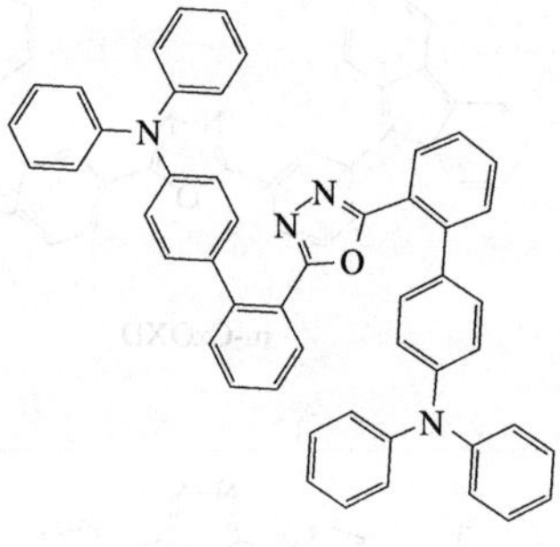

p-TPA-*o*-OXD

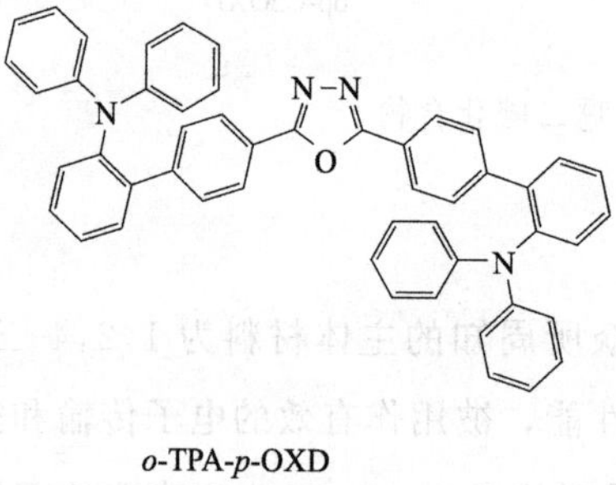

o-TPA-*p*-OXD

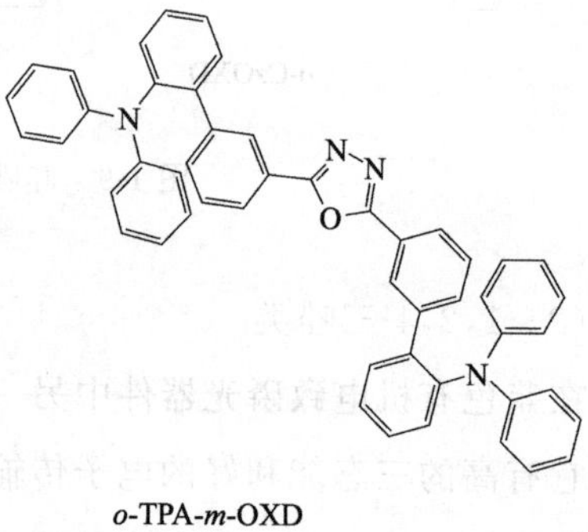

o-TPA-*m*-OXD

图 1-10　三苯胺/噁二唑化合物

苯胺衍生物，之间通过不同的连接（邻位、间位和对位），如图1-11所示。研究表明邻位和间位相连的化合物相对于对位的化合物呈现出小的分子内电荷转移、高的三态能和好的器件性能。其中，基于 o-TPA-m-PTAZ 的磷光器件有最好的器件性能，外量子效率对于深红和绿光器件分别为 16.4% 和 14.2%。

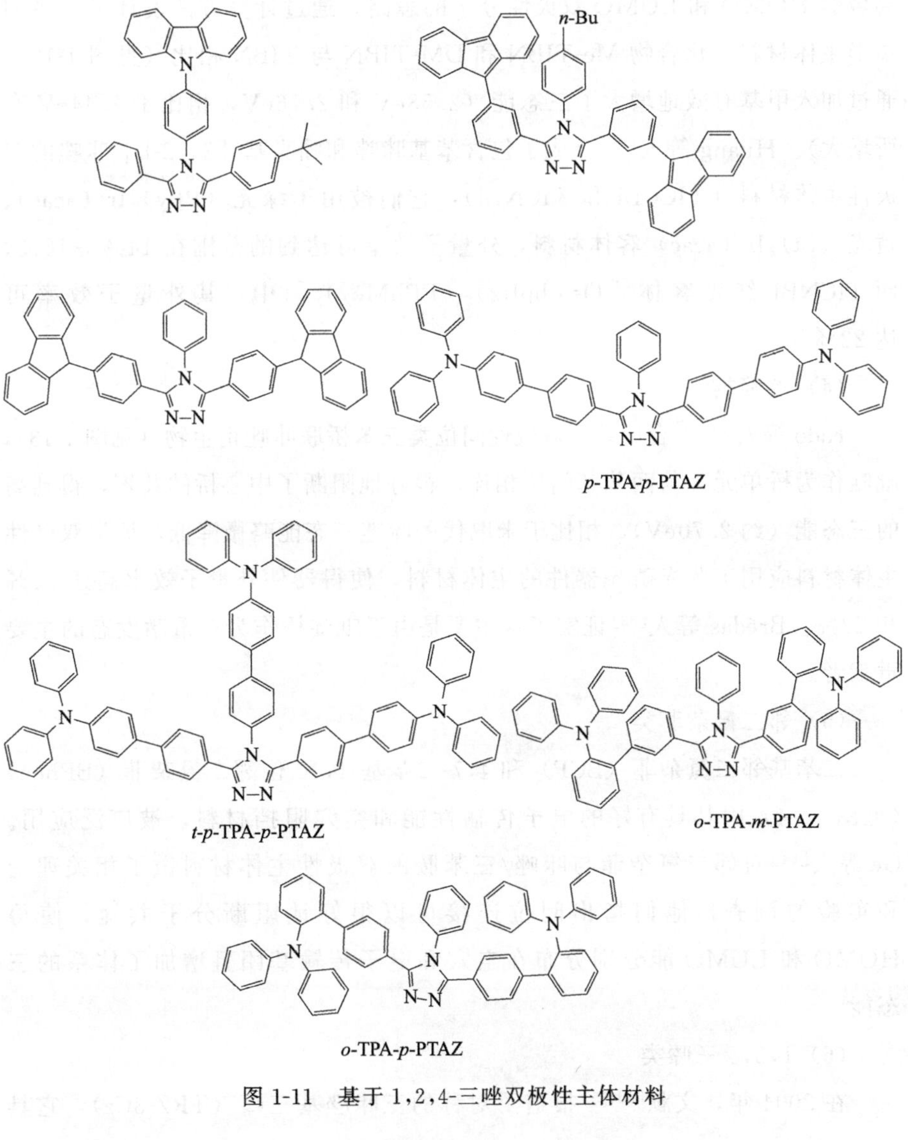

图 1-11 基于 1,2,4-三唑双极性主体材料

(3) 苯并咪唑类[75~78]

三苯基咪唑苯（TPBI）因为具有好的电子传输性能，被广泛用做荧光材料和磷光主体材料。文献[76,79]报道了具有双极性的苯基咪唑及三苯胺化合物，且把它们应用于单层器件中。在苯基咪唑和三苯胺之间他们引入了不同的桥，如芴、螺芴和苯，使得玻璃化转变温度高于137~186℃，三态能为2.50eV左右，可以作为绿光主体材料。Ge等人[80]首次指出了设计分开局域的HOMO和LUMO双极性分子的思路，通过计算方法设计了一系列星形主体材料。化合物Me-TIBN和DM-TIBN与TIBN相比（见图1-12），通过加入甲基有效地增大了三态能（2.58eV和2.76eV，相比于2.44eV有所增大）。Huang等人[81]合成了包含苯基咪唑和吲哚基[3,2-b]咔唑的双极性主体材料（TICCBI和TICNBI），它们被用于绿光（PPy)$_2$Ir（acac）、黄光（Bt)$_2$Ir（acac）客体材料，外量子效率可达到的范围在14%~16%。而TICNBI红光客体［Os（bpftz)$_2$（PPhMe$_2$)$_2$］中，其外量子效率可达22%。

(4) 吡啶类

Kido等人[59,82]合成系列双极性间位类三苯桥联咔唑衍生物（见图1-13），吡啶作为桥单元，与两苯基间位相连，很好地阻断了中心桥的共轭，得到高的三态能（约2.70eV），相比于未取代的咔唑三态能略微降低，该类双极性主体材料应用于蓝光磷光器件的主体材料，使得器件外量子效率高达24%和22%。Brédas等人[83]证实了这主要是由于吡啶桥作为三重激发态的主要贡献者。

(5) 邻二氮杂菲类

二苯基邻二氮杂菲（BCP）和4,7-二苯基-1,10位邻二氮杂菲（BPhen）（见图1-14）因其具有好的电子传输性能和空穴阻挡材料，被广泛应用。Ge等人[84]对邻二氮杂菲与咔唑/三苯胺的双极性主体材料做了相关理论和实验的调查，他们指出间位连接可以很好地阻断分子共轭，使得HOMO和LUMO能分别分布在空穴和电子传输基团且增加了体系的三态能。

(6) 1,3,5三嗪类

在2004年，文献[30,85]报道了对称的三咔唑基三嗪（TRZ-3Cz），它具

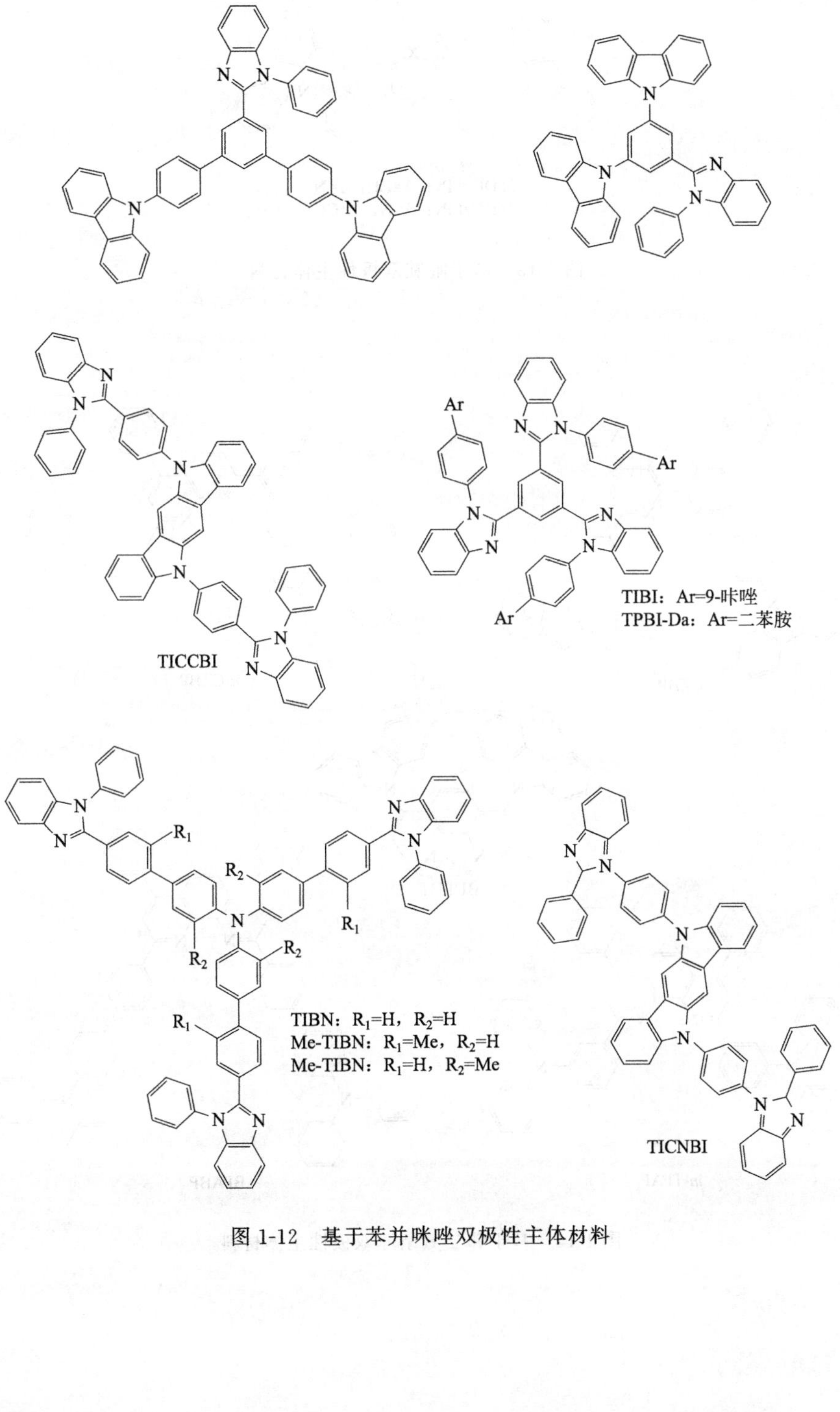

图 1-12 基于苯并咪唑双极性主体材料

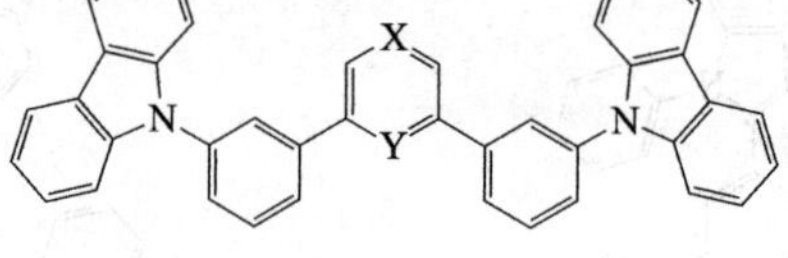

26DCzPPy: *X*=CH, *Y*=N
36DCzPPy: *X*=N, *Y*=CH

图 1-13 基于吡啶双极性主体材料

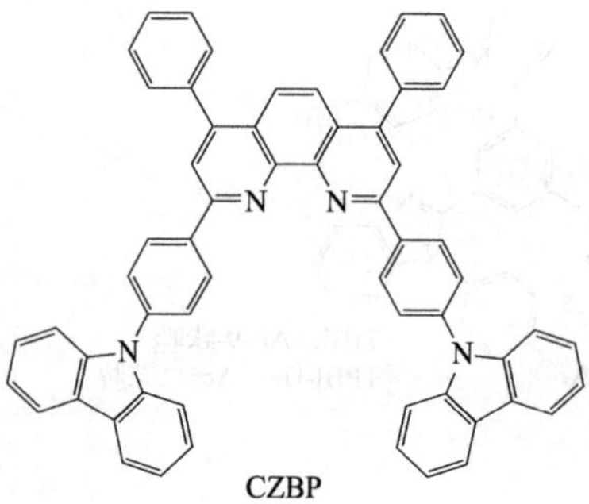

CZBP

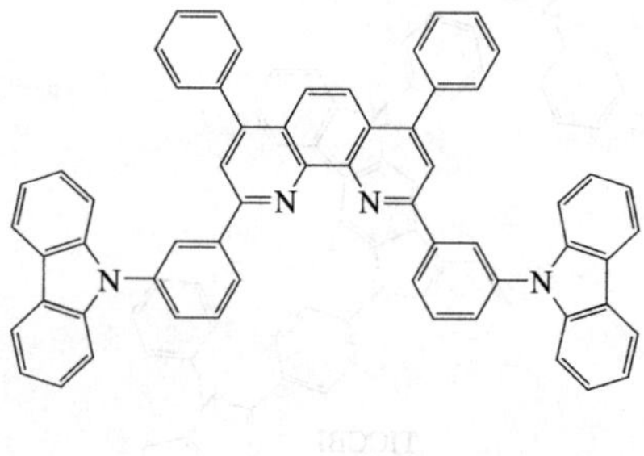

m-CZBP

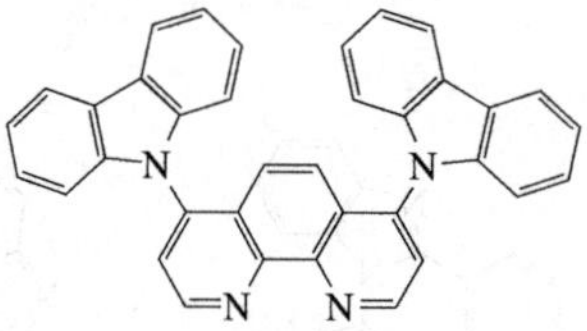

BUPH1

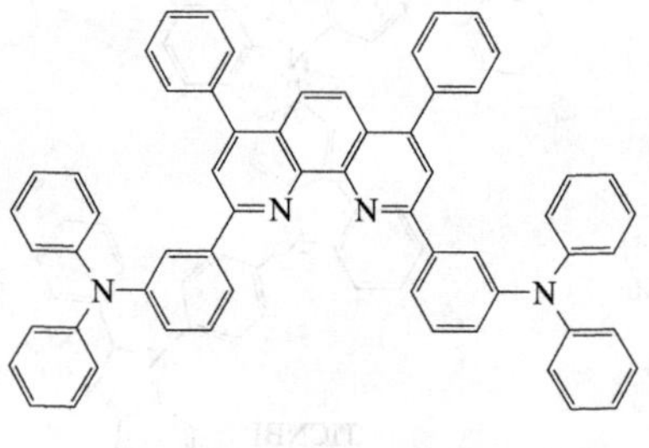

m-TPAP

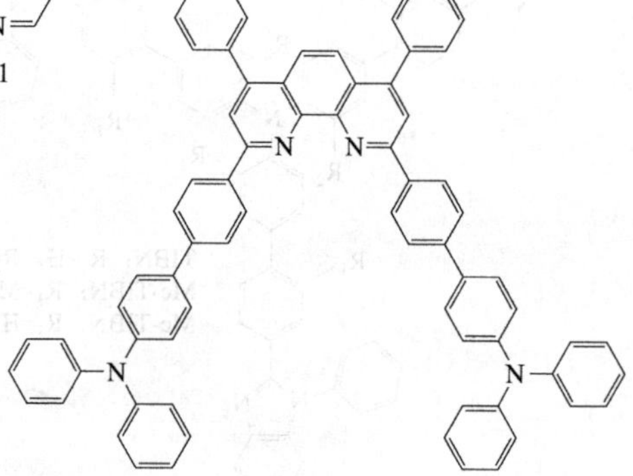

BPABP

图 1-14 基于邻二氮杂菲双极性主体材料

有高的三态能（大于 2.81eV），HOMO/LUMO 能级（6.0/2.6eV），作为绿光 Ir(ppy)$_3$ 的主体材料，外量子效率达到 10.2%。最近 Rothmann 等人[86]研究了其他两种咔唑基三嗪（TRZ2 和 TRZ3），其三态能为 2.95eV，作为蓝光磷光主体材料，其外量子效率为 10.2%。三嗪类双极性主体材料见图 1-15。

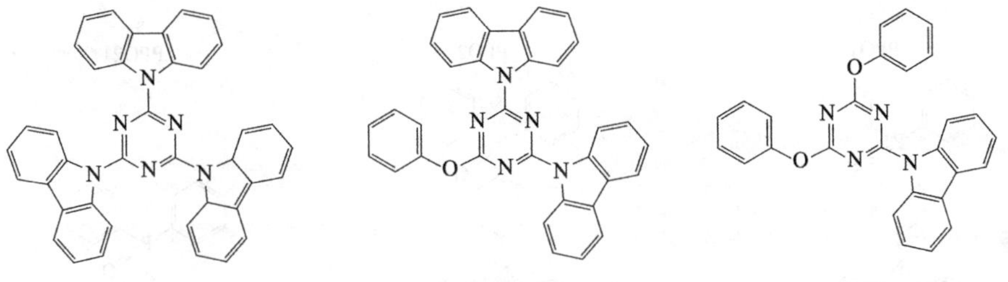

图 1-15 基于三嗪的双极性主体材料

(7) 氧化膦类

对于氧化膦衍生物作为有机磷光主体材料和电子传输材料的研究层出不穷，因为氧化膦强的拉电子性质能在明显改善其电荷注入和传输性质的同时，保持其发光团的高的三线态能隙，在红、蓝、绿的磷光器件中，外量子效率大多能超过 20%[87~89]。近日，一系列的 PO/苯咔唑（PhCBZ）杂化（PO-PhCBZs）（见图 1-16）被合成出来，研究发现它们可以作为蓝色 PhOLEDs 的主体材料[37~43,90~94]。结合受体（PO）和给体（PhCBZ）的杂化 PO-PhCBZs 兼有 PO 和 PhCBZ 作为主体材料的优点，因此它们作为双极性主体材料在蓝色磷光 OLEDs 中具有优异的性能。

(8) 硅烷类主体材料[55,95~109]

2004 年，Holmes 和 Ren 等人[101,108]合成了一系列宽带隙硅烷化合物作为深蓝光磷光主体材料（UGHs）（见图 1-17），由于这类主体材料具有超宽带隙，很利于电荷直接捕获在客体复合发光。但是，这种发光机制需要较高的驱动电压和低的功率效率。随后的研究主要集中在把四面体型硅烷基团作为一个非共轭基团，两边连接给体或受体基团构成主体材料，不但很好地阻断

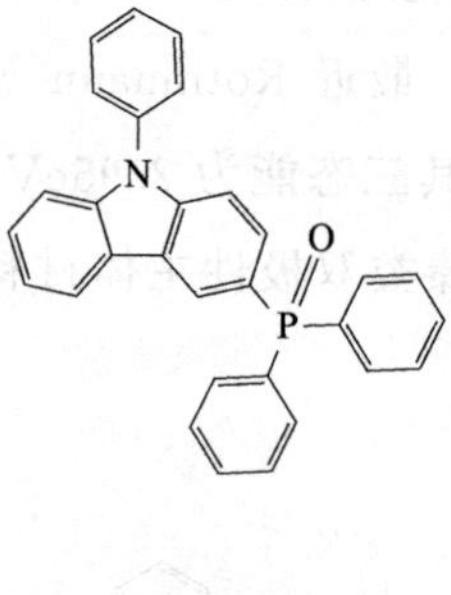

PPO1

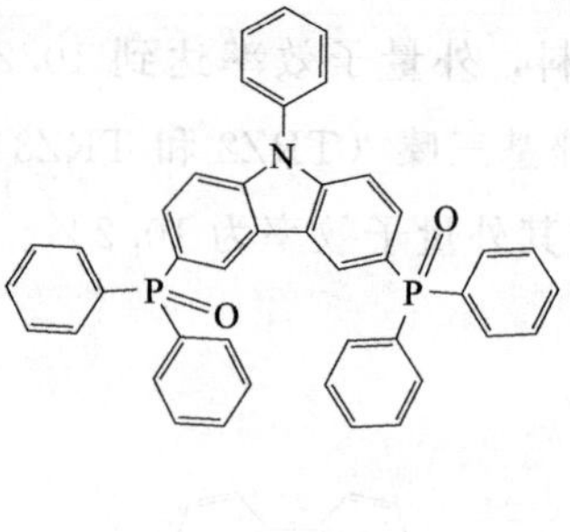

PPO2

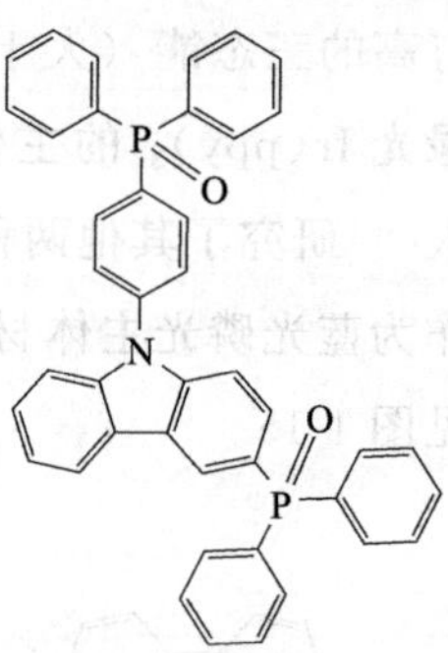

PPO21

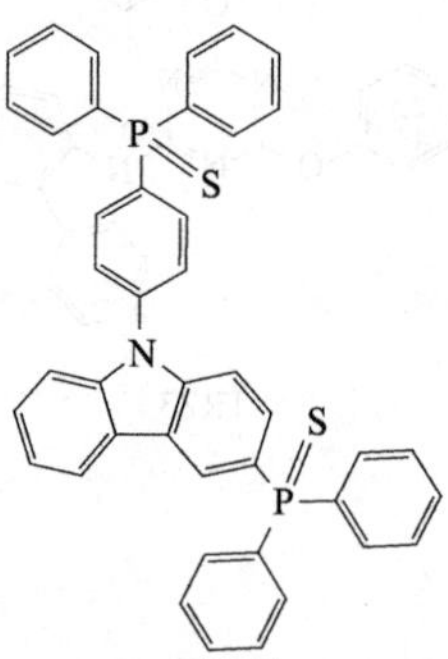

PPS21

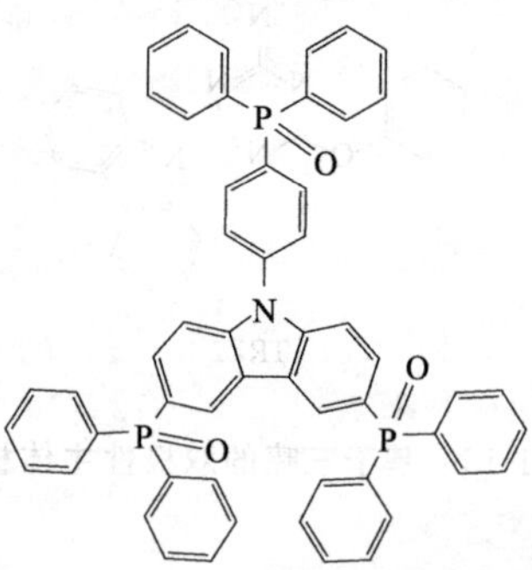

TPCz

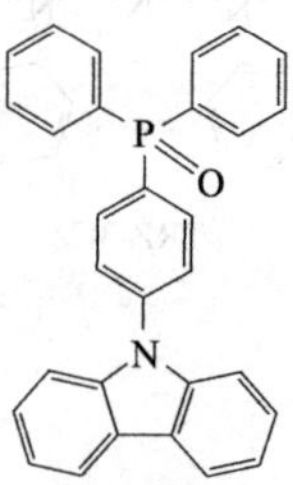

POPhCBZ

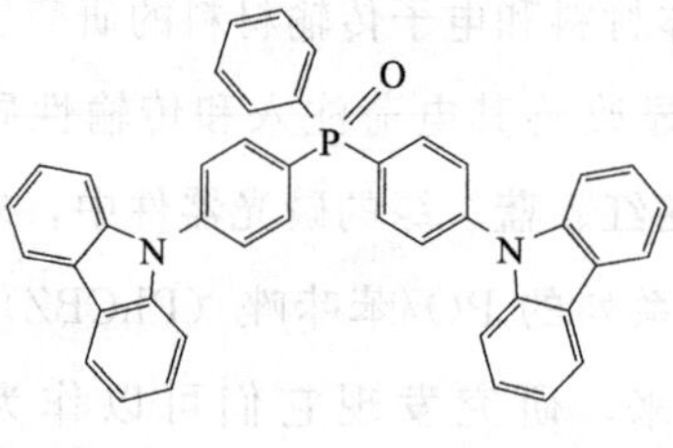

BCPO

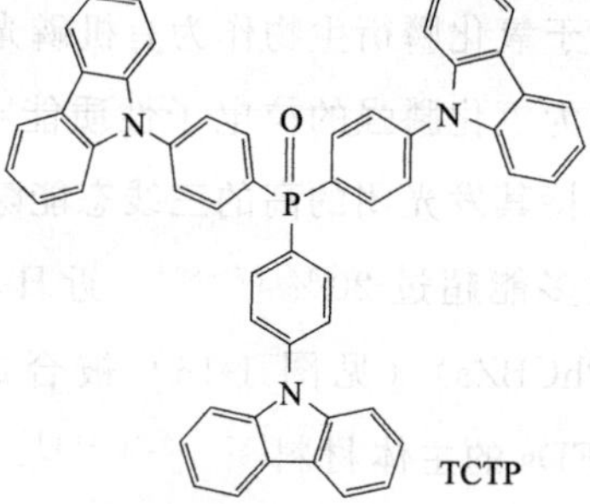

TCTP

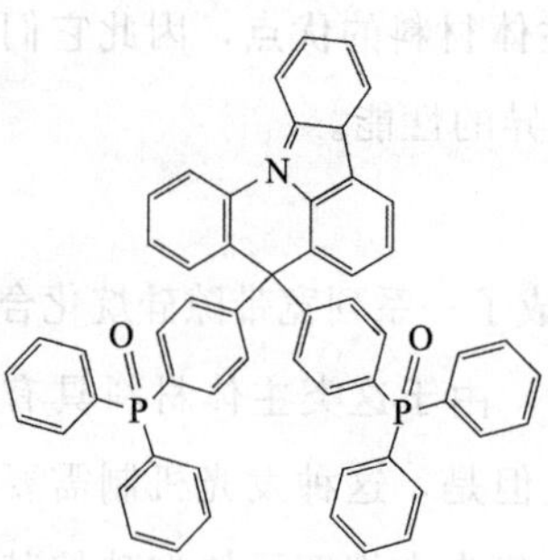

SPCPO2

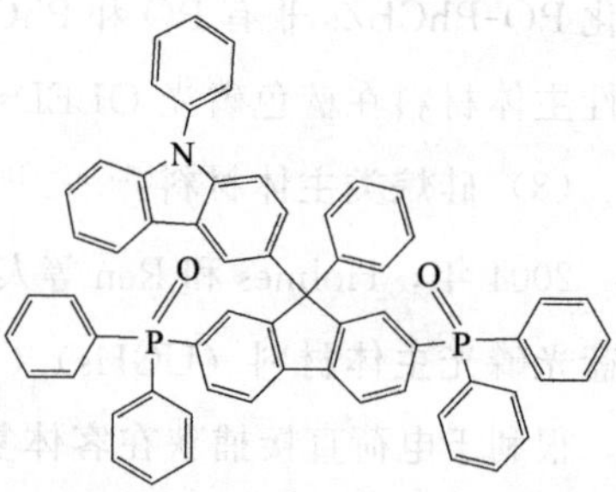

PCF

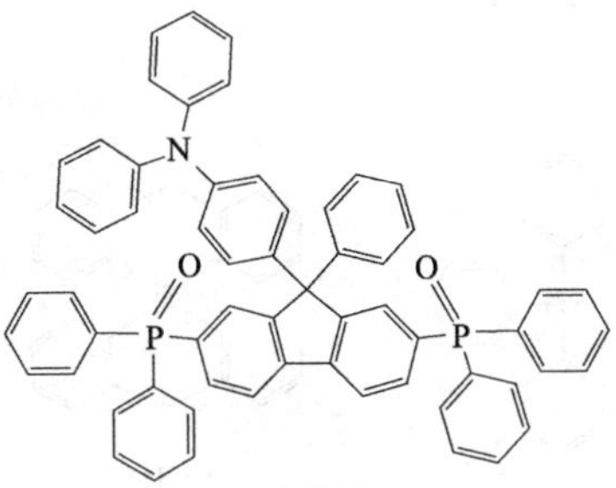

POAPF

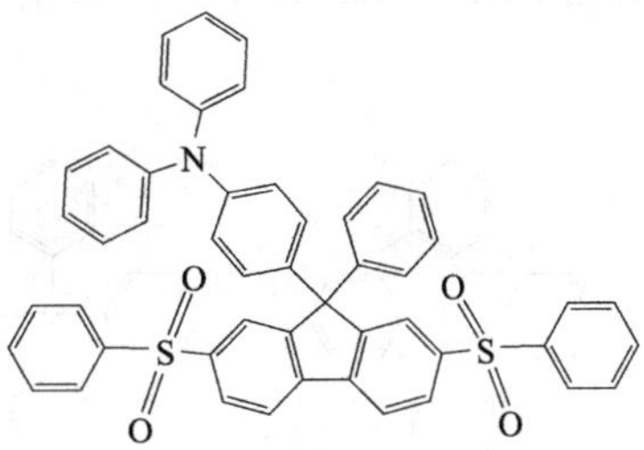

SAF

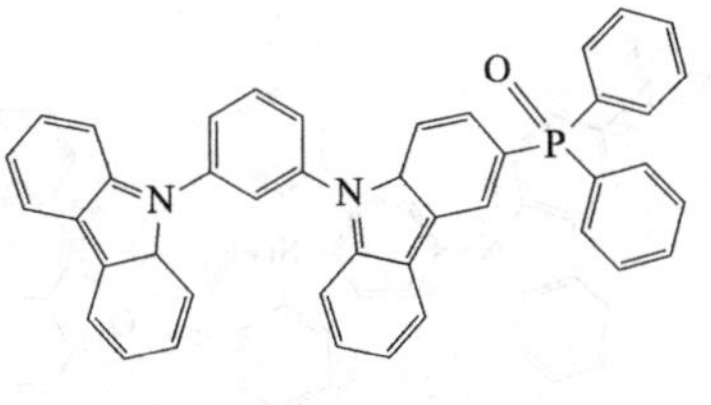

mCPPO1

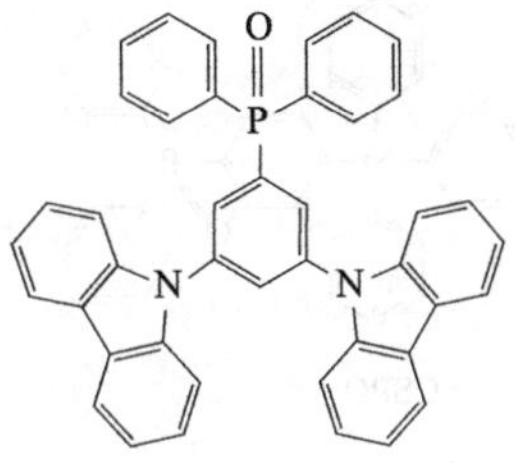

CzPO1

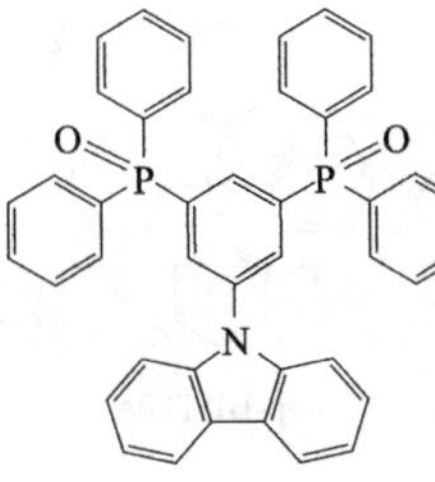

CzPO2

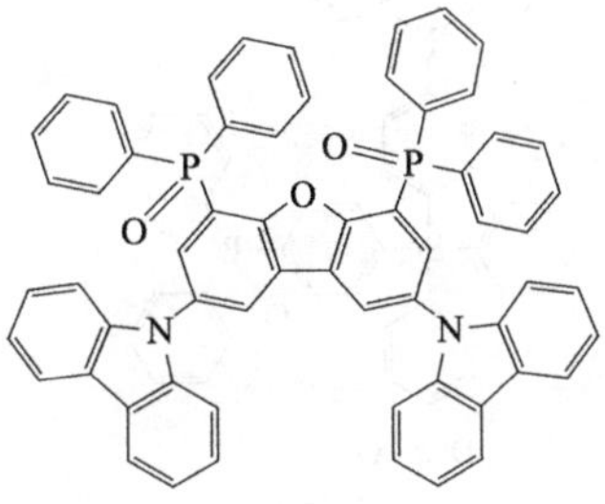

DBFDPOCz2

图 1-16 基于氧（硫）化膦的双极性主体材料

共轭，保持高三态能，而且提高其材料玻璃化转变温度[98,100,103,106,110]。Cho 和 Gong 等人[111,112]通过把推电子三苯胺和拉电子苯基咪唑桥连在硅桥的两端，合成了新的硅桥双极性蓝色磷光主体材料（*p*-BlSiTPA），其三态能为 2.69eV。基于 *p*-BISiTPA 的器件具有优良性能，被用在蓝光和橙光、白光器件中的外量子效率分别为 16.1%、20.4%和 19.1%。最近，他们又把咔唑和氧化膦作为功能基团桥连在四面体硅桥的外围，想通过调节两种给受基团的不同比例来寻求一种电子和空穴注入、传输平衡的双极性蓝光主体材料[45]。实验结果表明，DCSPO 是氧化膦和咔唑最有效的连接模式，被用于蓝色磷光 FIrpic OLED 中，其外量子效率达到 27.5%。

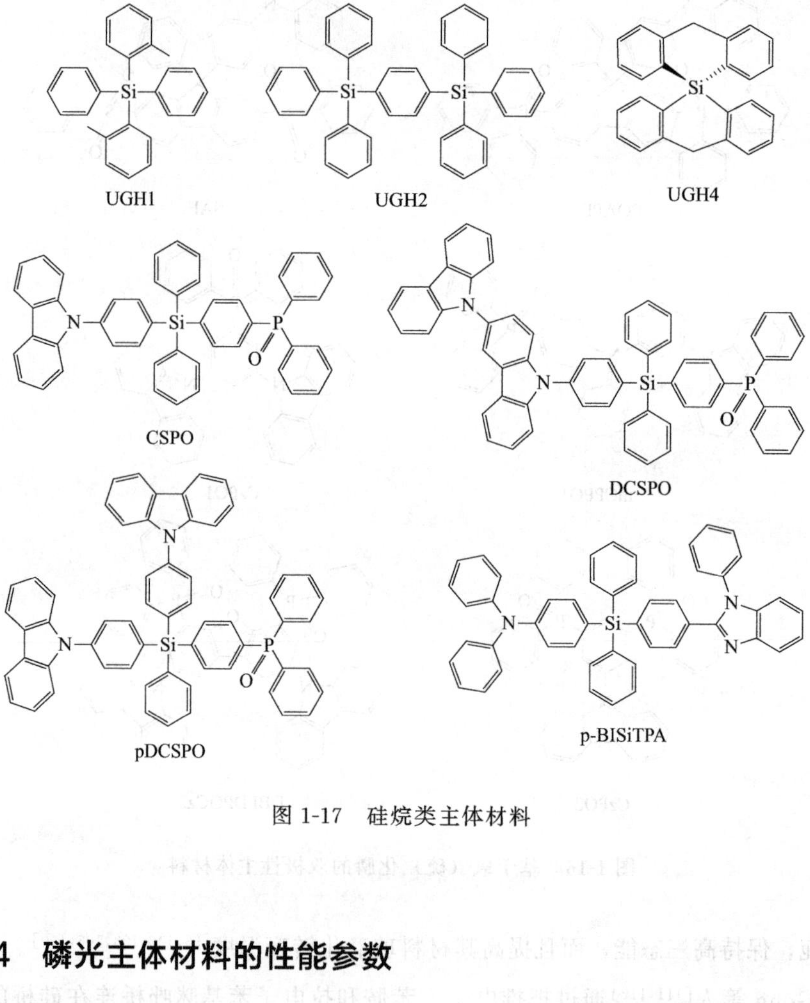

图 1-17　硅烷类主体材料

1.4　磷光主体材料的性能参数

　　红绿磷光主体材料由于具有低的三态能，因此对他们的选取相比于蓝光主体材料要容易一些。同时高的三态能和材料的共轭长度需要达到一个平衡，高的三态能需要分子有小的共轭片段，然而这可能会影响到电荷传输能力、热稳定性以及构型稳定性。另外，为了相邻电极的电子和空穴容易注入到主体材料中，主体被要求有高的 HOMO 和低的 LUMO 能级，这就需要

HOMO 和 LUMO 能级和蓝光主体材料通常的宽能隙之间有好的折中。比起蓝光主体材料，红绿磷光主体材料通常容易同时满足这几方面的要求。

1.4.1 蓝光主体材料需要满足的条件

主体三态能大于客体三态能可防止能量逆流，把三态激子限制在客体发光材料上。HOMO/LUMO 能级与电极和邻近层能级的匹配可减小空穴和电子的注入能垒。电子空穴传输平衡可增大激子复合速率和概率。高的玻璃转化温度可延长器件使用寿命。按照主客体系统的能量转移机制，一个合适的主体和所选客体要有轨道能级或单三态（S_1 和 T_1）激发能的匹配。此外，客体掺杂浓度和主客体化学兼容性也影响着磷光器件的效率。

1.4.2 主客体系统的能量转移机制

通常，在主-客体（掺杂剂）体系中，很多机制可能导致客体发射：Förster 能量转移（FET）[113]，Dexter 能量转移（DET）[114]，直接的电荷捕获在客体材料[115]，或者它们的混合机制。主要的机制如图 1-18 所示。

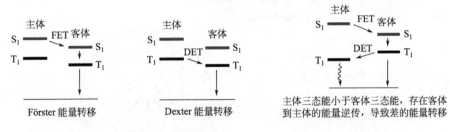

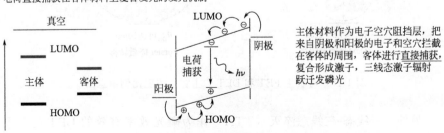

图 1-18　在电致磷光器件中主客体系统的能量转移机制

Förster 能量转移（FET）是一种激发态主体与基态客体的库仑相互作用，速度很快（约 10～12s），是长程过程（达到 10nm）。Dexter 能量转移（DET）是一种激发态主体与基态客体的电子交换作用，是短程过程（1.5～2.0nm 或 15～20Å）。直接的电荷捕获（DCT），是一种分别来自阳极的空穴和阴极的电子直接捕获到客体基层上复合形成激子发光的机制，要求客体能隙完全镶嵌在主体能隙之内。

对于 FET 和 DET，主体基层的发射光谱与客体的吸收光谱有较大的重叠，而 DET 的有效发生还要求主体的三线态激子的能级和客体基态的能级有较好的重叠（匹配）。磷光 OLED 主要是短程 DET，而荧光 OLED 主要来自长程的 FET，所以磷光 OLED 掺杂体的浓度通常大于荧光 OLED 中掺杂体的浓度。如图 1-19 所示，因为浓度较大的客体掺杂增大了客体周围有效的主体个数（可以与客体发生有效的轨道重叠的主体），有利于发生电子交换，即 DET 的发生（注意：同时也会伴随三线态淬灭发生）。而在浓度较小的客体掺杂中，较远的主客体距离（10nm）就可以发生 FET，也就是说主体发射客体吸收光谱就可以有效地光谱重叠，因此同时也会伴随主体荧光的产生。

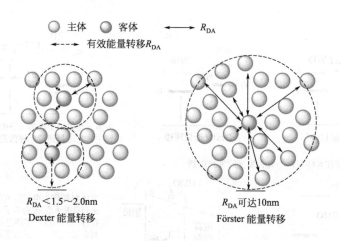

图 1-19　可发生 FET 和 DET 的主客体浓度比例示意图

另外，三线态-三线态淬灭（TTA）作为磷光效率有效的 DET 的竞争途径，发生的基本原理如图 1-20 所示，当三态能大于最低单三态能差时，

TTA 容易发生，形成的单线态（S_n）的电子占有轨道能级是三线态的两倍，使得荧光现象产生。

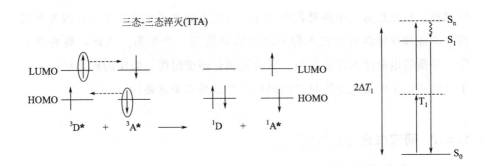

图 1-20　三线态-三线态淬灭原理图

1.5　本书的研究意义和内容

1.5.1　研究意义

磷光有机电致发光二极管（PhOLED）由于可以同时利用单线态和三线态激子，获得接近 100% 的内量子效率，因而得到了 PhOLED 研发者的广泛关注。从不同颜色磷光器件的发展来看，蓝色磷光 OLED 的研发进程滞后于红绿磷光器件，已经制约了高质量信息显示与白光照明发展。蓝色磷光器件性能不尽人意的根本原因在于高效率的蓝色磷光材料的匮乏，因为高效率的蓝色磷光材料对高的三线态能、色纯度、电荷注入传输能力都提出了很高的要求。近年来，国内外 OLED 研发者对蓝光磷光材料进行广泛深入的研究，有力推动了蓝光和白光器件的向前发展，但是，距商业化生产的实现仍有相当的距离，蓝色磷光材料发光效率的提高依然是今后亟待解决的课题。此外，蓝色磷光材料对器件的其他部分，包括主体材料、电荷传输和阻挡层提出相对苛刻的条件。特别对于主体材料，有效的主客体能量转移需要主体材料有高于蓝光客体材料的三态能（大于 2.65eV），来实现能量转移后的三态激子有效局域在客体分子上，实现客体磷光发射。此外，主客体之间还需要有好的化学兼容性。近年来，主体材料的研究取得了很大的进展，从空穴传输型到电子传输型再到双极性传输型，特别是双极性主体材料，在提高器件效率和色纯度方面具有很大的潜力。相比于低能隙的红绿光双极性主体材料，双极性蓝光主体材料在设计和合成上提出了更高的要求，因为其高的三态能和双极性电荷注入能力之间需要达到一个平衡。因此，高的三态能、平衡的电荷注入传输能力、高的玻璃化转变温度、稳定的形态结构、易于合成和加工的蓝光主体材料的研究和开发是至关重要的。

1.5.2　研究内容

本书的研究内容大致可分为两部分：一是以氧化膦、吡啶、芴作为拉电子基团，咔唑及三苯胺作为推电子基团通过不同的连接模式形成的双极性化合物为主要的研究对象，探讨影响主体材料性能的主要因素，通过讨论推拉电子之间不同比例和不同的连接模式对体系电子结构和主体材料性能的影响，调查结构-性能的密切关系。二是通过化学掺杂来改性纳米环的电子结构，进而调控三态能，使其具备潜在的蓝光主体性能。同时，对于计算方法的选取进行文献综述和方法测试，为更准确快捷地揭示有机主体材料的性质以及高效的分子设计提供理论基础。本书研究内容具体安排如下。

① 概述有机磷光主体材料研究的发展、应用及研究意义。

② 给出本研究基于的理论基础知识和计算方法。

③ 基于氧（硫）化膦/咔唑的蓝色磷光主体材料的理论研究，通过不同的链接模式有效调节电荷注入性能而不影响三态能。

④ 基于苯咔唑/氧化膦混合物的星形状的深蓝色磷光主体材料的量化表征和设计。

⑤ 绿光到深蓝光磷光主体材料的理论设计——有效调节三态能很好地保持双极性。

⑥ 基于氧化膦基（三苯胺）芴的深蓝光主体材料的量化表征和设计。

⑦ 1,4-BN 杂环的掺杂对 [6] CPPs 的三态能、激子的分布以及芳香性的调控机制研究。

第 2 章

理论基础和计算方法

量子化学是理论化学的一个分支学科，是应用量子力学的基本原理和方法研究化学问题的一门基础科学。研究范围包括稳定和不稳定分子的结构、性能及其结构与性能之间的关系；分子与分子间的相互作用；分子与分子间的相互碰撞和相互反应等问题。

2.1 量子化学计算方法

量子化学是理论化学的一个分支，主要应用量子力学的基本原理和方法来研究化学问题。量子化学是从 1927 年物理学家 W. H. Heitler 和 F. London 等人[116]将量子力学处理原子结构的方法应用于氢气分子开始的，并且利用相当近似的计算方法，算出其结合能。由此，使人们认识到可以用量子力学原理讨论分子结构问题，从而逐渐形成量子化学这一分支学科。量子化学方法用于研究电子结构主要方法——有价键理论和分子轨道理论，而密度泛函理论是目前研究电子结构理论中最高效的手段之一。

2.1.1 价键理论

价键理论[117]是一种获得薛定谔方程近似解的处理方法，又称为电子配对法。价键理论与分子轨道理论是研究分子体系的两种量子力学方法。它是历史上最早发展起来的处理多个化学键分子的量子力学理论。价键理论主要描述分子中的共价键及共价结合，核心思想是电子配对形成定域化学键。

价键理论是海特勒-伦敦处理氢分子方法的推广，要点如下：①若两原子轨道互相重叠，两个轨道上各有一个电子，且电子自旋方向相反，则电子配对给出单重态，形成一个电子对键。②两个电子相互配对后，不能再与第三个电子配对，这就是共价键的饱和性。③遵循最大重叠原则，共价键沿着原子轨道重叠最大的方向成键。共价键具有方向性。

其量子化学模型认为，共价键是由不同原子的电子云重叠形成的。如图 2-1，p 电子和 p 电子的两种基本成键方式。

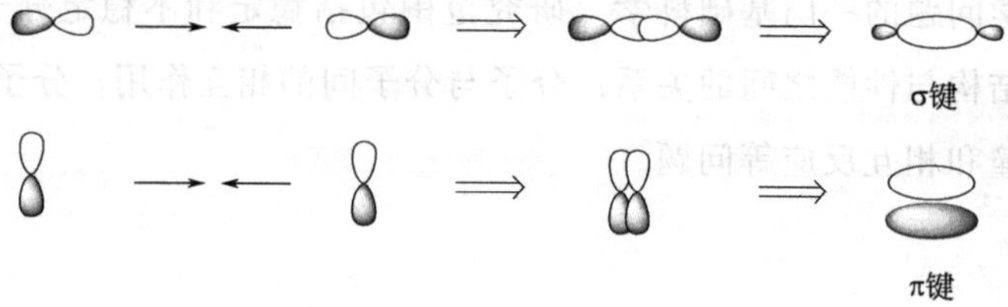

图 2-1　p 电子和 p 电子两种基本的成键方式

① 电子云顺着原子核的连线重叠，得到轴对称的电子云图像，这种共价键叫做 σ 键。

② 电子云重叠后得到的电子云图像呈镜像对称，这种共价键叫做 π 键。

用形象的言语来描述，σ 键是两个原子轨道"头碰头"重叠形成的；π 键是两个原子轨道"肩并肩"重叠形成的。一般而言，如果原子之间只有 1 对电子，形成的共价键是单键，通常是 σ 键；如果原子间的共价键是双键，由一个 σ 键和一个 π 键组成；如果是叁键，则由一个 σ 键和两个 π 键组成。σ 键可以是 s-s、s-p、p-p 等电子之间形成的，而 π 键可由 p-p、d-p、d-d 等电子之间形成。除此之外，还存在十分多样的共价键类型，如苯环的 p-p 大 π 键，硫酸根的 d-p 大 π 键，硼烷中的多中心键，π 酸配合物中的反馈键，$Re_2Cl_8^{2-}$ 中的 δ 键等。

2.1.2　分子轨道理论

在量子化学中，原子轨道线性组合（LCAO）是被用于求解分子轨道的一种方法，这种方法是通过对原子轨道进行线性叠加构造分子轨道来实现的。因为它属于分子轨道计算方法的一种，所以又称原子轨道线性组合的分子轨道方法，或者叫 LCAO-MO。它于 1929 年由 Lennard-Jones[118]引入，用于描述元素周期表第一行原子构成双原子分子的成键，并且经由 Ugo Fano 进行了扩展。

$$\Psi_i = \sum_{j}^{n} c_{ji}\varphi_j \tag{2-1}$$

式中，Ψ_i 为第 i 条分子轨道，它被表示为个原子基函数（原子轨道）的线性叠加；系数 c_{ij} 表示第 i 条原子轨道对该分子轨道的贡献大小。作为基函数的原子轨道 φ_j 通常是在（核）中心场作用下的单电子波函数。所使用的基函数通常是类氢原子，因为类氢原子波函数已知有解析的表达式。当然，基函数也可以选择如高斯函数的其他形式。

分子轨道法的基本要点，即 LCAO-MO 法的基本原则包括：对称性匹配原则，原子轨道必须具有相同的对称性才能组合成分子轨道，参见对称运算；最大重叠原则，原子轨道重叠程度越大，形成的化学键也越强；能量相近原则，能量相近的原子轨道才能组合成有效的分子轨道。除了遵照 LCAO-MO 的三条基本规则外，电子填充规则也适用于分子轨道理论：能量最低原则、泡利不相容原理以及洪特规则。键级被定义为分子中成键电子总数减去反键电子总数再除以 2 得到的纯数，是分子稳定性的量度。键级大于零是分子存在的前提。

2.1.3 密度泛函理论

密度泛函理论 Density Functional Theory[119]，DFT 是一种研究多电子体系电子结构的量子力学方法。密度泛函理论在物理和化学上都有广泛的应用，特别是用来研究分子和凝聚态的性质，是凝聚态物理和计算化学领域最常用的方法之一。

早期模型：Thomas-Fermi 模型密度泛函理论可以上溯到由 Thomas 和 Fermi 于 1920 年代提出的 Thomas-Fermi 模型[120]。为计算原子的能量，他们将一个原子的动能表示成电子密度的泛函，并加上原子核-电子和电子-电子相互作用（两种作用都可以通过电子密度来表达）。Thomas-Fermi 模型是很重要的第一步，但是由于没有考虑 Hartree-Fock 理论指出的原子交换能，它的精度受到限制。1928 年 Dirac 在该模型基础上增加了一个交换能泛函项。然而，Thomas-Fermi-Dirac 理论在大多数应用中表现得非常不精确。其中最大的误差来自动能的表示，然后是交换能中的误差以及对电子关联作用的完全忽略。

理论推导：在多体电子结构计算中，我们所处理的分子或簇的核被看作是固定的（Born-Oppenheimer 近似[121]），产生一个静态的外部势 V，其中电子是运动的。然后用一个实现多电子 Schrödinger 方程的波函数 $\Psi(\vec{r_1}, \cdots, \vec{r_N})$ 来描述静止电子态。

$$H\Psi = [T+V+U]\Psi = \left[\sum_i^N -\frac{\hbar^2}{2m}\nabla_i^2 + \sum_i^N V(\vec{r_i}) + \sum_{i<j} U(\vec{r_i},\vec{r_j})\right]\Psi = E\Psi$$

式中，H 是电子分子 Hamiltonian；N 是电子数；U 是电子间相互作用。T 和 U 是所谓的普适算符，因为对于任何系统它们都是一样的，而 V 是由系统决定的或者说是非普适的。我们可以看到，单粒子问题与复杂得多的多粒子问题间的实际差别是由相互作用项 U 引起的。有很多尖端的方法被用来解决多体 Schrödinger 方程，它们是基于 Slater 行列式中的波函数的展开。而最简单的一个就是 Hartree-Fock 方法，更复杂尖端的方法通常被归为 post-Hartree-Fock 方法[122,123]。可是这些方法带来的问题是巨大的计算消耗，实际上不可能把它们有效地应用到更大、更复杂的系统中。在这方面 DFT 则提供了一个吸引人的选择，并由于提供了一个系统地规划多体问题（比单体问题多了 U）的方法而更具通用性。在 DFT 中，关键的变量是粒子密度 $n(\vec{r})$，由下式给出：

$$n(\vec{r}) = N\int d^3r_2 \int d^3r_3 \cdots \int d^3r_N \Psi^*(\vec{r},\vec{r_2},\cdots,\vec{r_N})\Psi(\vec{r},\vec{r_2},\cdots,\vec{r_N})$$

Hohenberg 和 Kohn 于 1964 年证明上述关系可逆，例如给定一个基态密度 $n_0(\vec{r})$ 原理上就有可能算出相应的基态波函数 $\Psi_0(\vec{r}, \cdots, \vec{r_N})$。换句话说，$\Psi_0$ 是 n_0 的一个独特泛函，比如 $\Psi_0 = \Psi_0[n_0]$，因此所有其他观测到的基态 O 也是 n_0 的泛函 $\langle O \rangle[n_0] = \langle \Psi_0[n_0]|O|\Psi_0[n_0]\rangle$。特别地，由此基态能量也是 n_0 的一个泛函 $E_0 = E[n_0] = \langle \Psi_0[n_0]|T+V+U|\Psi_0[n_0]\rangle$，这里外部势 $\langle \Psi_0[n_0]|V|\Psi_0[n_0]\rangle$ 的贡献可以以密度的形式精确地给出 $V[n] = \int V(\vec{r})n(\vec{r})d^3r$。泛函 $T[n]$ 和 $U[n]$ 被称为普适泛函，而泛函 $V[n]$ 显然是非普适的，因为它取决于研究的系统。指定一个系统后，$V[n]$ 就已知了，我们就必须使下面的泛函最小化，$E[n] = T[n] + U[n] + \int V(\vec{r})n(\vec{r})d^3r$。对于 $n(\vec{r})$，我们假定已经得到了 $T[n]$ 和 $U[n]$ 的可靠表达式。成功的能量泛函的最小化将产生基态密度 n_0 和所有其他可观测到

的基态密度。最小化能量泛函 $E[n]$ 的变分可以用 Lagrangian 不定乘子法解决，这已经由 Kohn 和 Sham 于 1965 年完成[124]。因此，事实上我们可以把上式里的泛函写作一个非相互作用系统的一个假定的密度泛函

$$E_s[n] = \langle \Psi_s[n] | T_s + V_s | \Psi_s[n] \rangle$$

式中，T_s 表示非相互作用的动能；V_s 是一个外部的有效势场，其中粒子是运动的。显然，$n_s(\vec{r}) \equiv n(\vec{r})$，当然条件是 V_s 被选为 $V_s = V + U + (T - T_s)$。这样，我们就可以解决这个辅助的非相互作用系统的所谓 Kohn-Sham 方程

$$\left[-\frac{\hbar^2}{2m} \nabla^2 + V_s(\vec{r}) \right] \phi_i(\vec{r}) = \varepsilon_i \phi_i(\vec{r})$$

这就产生了复制原始多体系统密度 $n(\vec{r})$ 的轨道 $n(\vec{r}) \equiv n_s(\vec{r}) = \sum_i^N |\phi_i(\vec{r})|^2$

有效单粒子势可以被更精确地写为

$$V_s = V + \int \frac{e^2 n_s(\vec{r}')}{|\vec{r} - \vec{r}'|} d^3 r' + V_{XC}[n_s(\vec{r})]$$

这里第二项是 Hartree 项，描述了电子间的 Coulomb 排斥，而最后一项 V_{XC} 被称为交换相关势。这里 V_{XC} 包括多粒子的所有相互作用。由于 Hartree 项和 V_{XC} 取决于 $n(\vec{r})$，$n(\vec{r})$ 则取决于 ϕ_i，而后者又反过来取决于 V_s，因此 Kohn-Sham 方程的解决必须由自洽的方式来完成（如迭代）。通常先由一个 $n(\vec{r})$ 的初始猜测开始，然后计算相应的 V_s，并对 ϕ_i 解 Kohn-Sham 方程。从这些出发计算一个新的密度再重新开始，重复这个过程直到达到收敛。

近似 DFT 理论的主要问题是，除了自由电子气之外，其他体系的交换关联泛函的精确表达式目前是未知的。尽管如此，近似的存在使得对某些物理量的计算相当准确。在物理学中使用最为广泛的近似是局域密度近似（LDA）[124]，它仅与所要计算的方程所在位置的空间密度有关。$E_{XC}[n] = \int \varepsilon_{xc}(n) d^3 r$ 局域自旋密度近似（LSDA），是包括电子自旋的 LDA 的广义引申。高准确度的交换相关能方程式 $\varepsilon_{xc}(n_\uparrow, n_\downarrow)$ 已通过对自由电子气的模拟而被建立，$E_{XC}[n_\uparrow, n_\downarrow] = \int \varepsilon_{xc}(n_\uparrow, n_\downarrow) d^3 r$。

广义梯度近似（GGA）仍具有局域性，但在相同坐标上考虑了电子密度的改变（梯度），$E_{XC}[n_\uparrow, n_\downarrow] = \int \varepsilon_{xc}(n_\uparrow, n_\downarrow, \vec{\nabla}n_\uparrow, \vec{\nabla}n_\downarrow) d^3r$

利用 GGA 可以得到很好的分子结构和基态能的计算结果。通过建立更好的泛函表示，DFT 正在不断地被改良。

当矢量存在时 DFT 的理论基础将完全被破坏，例如磁场。因为在这种情况下，电子密度与外部电势的一一对应关系被破坏。磁场的存在导致了两种不同的理论：电流密度泛函理论和磁场泛函理论。在这两种理论中，交换和相关都被推广而不是仅考虑电子密度。在由 Vignale 和 Rasolt[125] 提出的电流密度泛函理论中，函数依赖于电子密度和电流密度。在由 Grayce[126] 提出的磁场理论中，函数依赖于电子密度和磁场，而且函数形式与磁场类型有关。这两种理论都很难形成与 LDA 相似的、可以用来计算的等价函数。

2.2 电子激发态理论

2.2.1 激发态的形成

电子激发态是指一个电子由低能轨道跃迁到高能轨道形成的状态，若一个 π 电子被激发到 π* 轨道的跃迁称为 π→π* 跃迁，形成的激发态为（π，π*）态。形成激发态要遵循的选择定则包括：Frank-Condon 原理、自旋选择定则、宇称禁阻、轨道重叠。

① Frank-Condon 原理[127]　分子中的原子核的质量要远大于电子的质量，因此其运动比电子的运动要慢得多，电子跃迁的完成通常需要 10^{-15} s，在这个时间内，原子核可看作是不动的，即电子跃迁过程中，分子的几何形状和动量近似不变，这就是 Frank-Condon 原理（图 2-2）。符合这个原理的跃迁是允许的，违背这个原理的跃迁是禁阻的。

② 自旋选择定则[128]　在电子跃迁过程中电子的自旋保持不变，符合这一规则的跃迁是允许的，如 $S_m \rightarrow S_n$、$T_m \rightarrow T_n$。违背这一规则的跃迁，如 $S_m \rightarrow T_n$ 和 $T_m \rightarrow S_n$ 跃迁是被禁阻的。

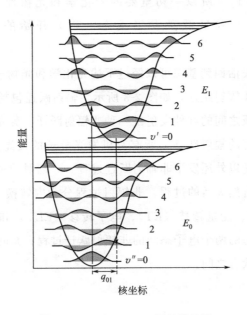

图 2-2　Frank-Condon 原理能级图

③ **宇称禁阻**[129]　由跃迁所涉及的轨道的对称性决定。分子轨道的对称性取决于所描述分子轨道的波函数在通过一个对称中心反演时符号是否改变。波函数分为对称的（g）和反对称的（u）两类。通过对称中心反演，分子轨道的波函数改变符号，称为反对称的；如果不改变符号，称为对称的。选择规则指出 u→g 和 g→u 的跃迁是允许的，而 g→g 和 u→u 的跃迁是禁阻的。

④ **轨道重叠**　如果电子跃迁所涉及的两个轨道在空间的同一区域，即相互重叠，这种跃迁是允许的，否则是禁阻的。

2.2.2　激发态的失活

基态分子吸收一个光子生成单重激发态，按照吸收光子的能量大小，生成的单重激发态是 S_1，S_2，S_3…，由于高级激发态之间的振动能级重叠，S_2、S_3…会很快失活到达 S_1，这种失活过程一般只需 10^{-13} s，然后由 S_1 再发生光化学和光物理过程。同样，高能级三重激发态（T_2，T_3…）

也很快失活生成 T_1。所以一切重要的光化学和光物理过程都是由最低激发单重态（S_1）或最低激发三重态（T_1）开始的，这就是 Kasha 规则[130]。

激发态分子失活回到基态可以经过下述光化学和光物理过程[131]，也可分为辐射跃迁和非辐射跃迁，如图 2-3 所示。辐射跃迁包括荧光发射和磷光发射，而振动能级之间的红外发射是一种非辐射跃迁。荧光定义为具有相同多重度电子态之间的辐射跃迁，所有有机发光分子的发光量子效率小于 1，这表明除辐射跃迁以外还发生非辐射跃迁过程。非辐射的过程实际上是在碰撞条件下分子内自然失活的过程。非辐射过程分为内转换（IC）、系间窜越（ISC）、振动弛豫、能量转移（ET）、电子转移（ELT）和光化学反应。内转换指相同多重态的两个电子态间的非辐射跃迁过程；系间窜越则发生在不同自旋多重度的状态之间。

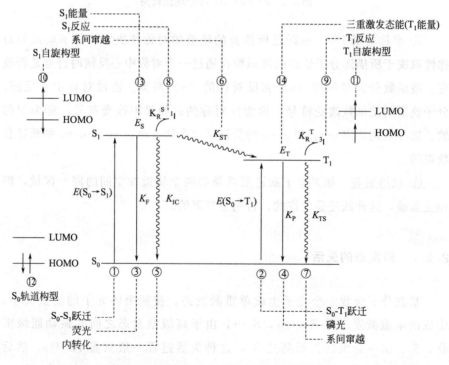

图 2-3　激发态的分子内失活——Jablonski 图

2.2.3 最低单三重激发态及单三劈裂能

激发态的电子组态和多重度以及总能量是决定激发态的化学和物理性质的最重要因素。如图 2-4 所示。

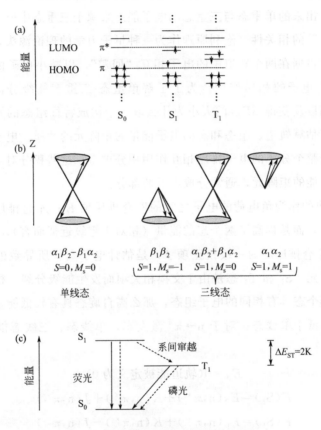

图 2-4　决定激发态物理和化学性质的因素

(a) 被激发的电子跃迁和激子的生成；(b) 被激发出现的四种激发状态；
(c) 最低单三重激发态的关系

如果分子中的一个电子被激发到一个较高能级的轨道上，且该电子保持其原有的自旋方向，这时自旋量子数（s）等于零，体系处于激发单重态。如果被激发的电子自旋方向发生变化，不再配对，（↑↑）或（↓↓），遵循泡利原理，自旋量子数为 $s=1$，$2s+1=3$，体系处于三重态。

对于同一电子组态的激发态，单重激发态的能量比三重激发态的能量要高，这是因为自旋相同的电子间的排斥力比自旋不同的电子间的排斥力小，这和洪特规则——原子的电子组态应具有最大的多重度是一致的。单重和三重激发态的能量差值的大小取决于所涉及轨道的空间重叠程度。

分子体系单三态能差可以近似等于二倍的电子交换能。由同一种电子轨道组态衍生出来的单重态与三重态的电子能差来源于三重态中电子运动需要具有"较好"的相关性。泡利原理作为一种量子力学的理论源头，用于解释三重态中单占据在两个轨道中的电子相互"回避"，以减小电子的"碰撞"，即减小电子-电子的相斥作用。为了了解单重态-三重态能级分离（ΔE_{ST}）产生的原因以及获得 ΔE_{ST} 的大小为什么取决于构成特征组态的知识，特罗等人研究了估算轨道、组态和态的电子能量的矩阵元的性质。电子排斥能的大小要通过整个分子的电子排斥相互作用积分求得，这些积分对应于全部的电子间排斥能的矩阵元，通常分成以下两部分。

① 经典的作为负电荷的电子之间的库仑排斥项 K；库仑排斥作用不分裂 S_1 和 T_1，而是提高了两个态的能量（相对于零级近似而言）。

② 对库仑排斥能的一级校正项 J，是估计电子交换所导致的电子相斥作用的矩阵元。S_1 和 T_1 态是由于交换相关项而发生能级分裂。根据洪特规则，如果两个态具有相同的电子组态，那么高自旋态具有较低能量，因此三线态能量要低于单线态。对于 $n\rightarrow\pi^*$ 激发态，单线态、三线态能表示为以下公式：

$$E_0=0（轨道能被定义为0） \quad (2-2)$$

$$E(S_1)=E_0(n,\pi^*)+K(n,\pi^*)+J(n,\pi^*) \quad (2-3)$$

$$E(S_1)=E_0(n,\pi^*)+K(n,\pi^*)-J(n,\pi^*) \quad (2-4)$$

因此最低单三态能差 $\Delta E(S_1-T_1)$ 数值上是电子交换能的二倍。

$$\Delta E(S_1-T_1)=2J(n,\pi^*) \quad (2-5)$$

$$\Delta E(S_1-T_1)=2J(\pi,\pi^*) \quad (2-6)$$

很显然电子交换能越大，$\Delta E(S_1-T_1)$ 越大。值得注意的是交换能的值由单占据轨道（基态的 HOMO 和 LUMO）重叠决定的。π 和 π^* 轨道重叠大于 n 和 π^* 轨道重叠，这样的话，激发态涉及（π,π^*）电子组态的 ΔE

（S_1-T_1）要大于（n，π^*）的 $\Delta E(S_1-T_1)$。

实验和理论上交换能的测定如下。

理论上交换能的测定通常由最低单三劈裂能表示，通过单三态激发能差来估计。实验上由于吸收跃迁不容易得到，使得交换能很难被测定，因此交换能大小主要通过 $\Delta E(S_1-T_1)$ 值的计算求得，该值对激发态分子的化学反应及光物理过程有重要影响，是描述激发态性质的重要物理量。有意思的是，Brunner 等人[132]很巧妙地把交换能作为估计主体材料三态能和电荷注入能力的一个综合因素。

2.3 分子激发态能量转移

2.3.1 Förster 和 Dexter 转移机制

能量转移发生在一个激发态和一个基态之间的相互作用，激发态本身不发光而是以光子的形式从激发态把能量转移传递给基态。Förster 提供的模型[113]，表示激发态的给体能够瞬间激发基态的受体，以库仑相互作用的形式。Dexter[114]提出了另一种转移机制是激发态的给体和一个受体是通过交换电子的方式完成非辐射过程，Dexter 交换机制的能量转移一般与淬灭有很大相关。最初，Dexter 能量转移是光化学领域的一种基本现象，现在它主要被应用于新型的发光材料，如白光 OLED 和主客体能量转移系统（蓝光发射和白光发射）

如图 2-5 为 Förster 和 Dexter 能量转移示意图，Dexter 能量转移是分子之间或一个分子的两个部分之间互相交换电子的过程，不像 Förster 能量转移，Dexter 能量转移随着两个离子之间的距离的增加，e 指数衰减。考虑到这个问题，这种转移机制主要发生在 10 Angstroms，因此，这种转移机制也叫短程能量转移。

这种交换机制遵循 Wigner 自旋守恒，因此是自旋允许的过程：单线态-单线态能量转移：

$$^1D^* + {}^1A \rightarrow {}^1D + {}^1A^* \tag{2-7}$$

上式可以理解为是一个单线态产生另一个单线态。

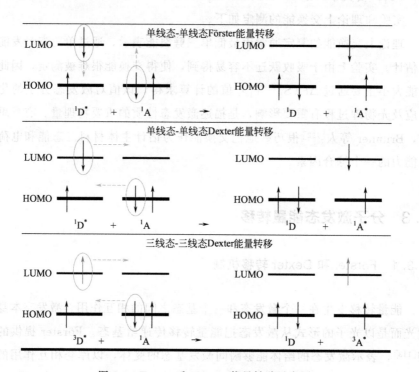

图 2-5 Förster 和 Dexter 能量转移示意图

$$^3D^* + {}^1A \rightarrow {}^1D + {}^3A^* \tag{2-8}$$

上式可以理解为一个三线态产生另一个三线态。

注意：当经历库仑相互作用时，单线态-单线态能量转移发生，然而库仑相互作用的三线态-三线态能量转移不能发生，这违背了 Wigner 自旋守恒。

2.3.2 能量转移的影响因素

正如图 2-5 所示，Dexter 能量转移是给受体之间交换电子的过程。换句话说就是被交换的电子应该占据在另一个部分的轨道上，因此，除给体发射光谱和受体吸收光谱有重叠之外，交换式的能量转移还需要波函数重叠，也就是说需要有电子云的重叠，这就暗示了激发态给体和基态受体需要足够近，以发生电子交换。如果 D 和 A 是不同分子，之间的碰撞能够促进分子彼此的接触，这个近距离几乎接近于分子之间的碰撞距离。交换式能量转移的速率常数表示为

$$k_{\text{Dexter}} = KJ \exp\left(\frac{-2R_{\text{DA}}}{L}\right) \tag{2-9}$$

而 Förster 能量转移的速率常数为

$$k_{\text{Förster}} \propto \frac{D_D^2 D_A^2}{R_{AB}^6} \tag{2-10}$$

式中，J 为主体发射客体吸收的光谱重叠因子；K 为实验因子；R_{DA} 为 D 和 A 之间距离；L 表示范德华半径和；D_D 为给体的跃迁偶极矩；D_A 为受体的跃迁偶极矩。相比不同的能量转移模型，我们发现交换能量转移速率飞快地衰减是由于它固有的 e 指数关系，因此交换能量转移也称为短程能量转移，Förster 能量转移也被称为长程能量转移。

2.4 理论计算的主要手段

2.4.1 主要研究思路

实验与理论的主要研究思路见图 2-6。在实验中，有机电致发光材料的研究过程主要包括材料的合成、器件的制作和材料（器件）性能的表征。而在量化理论方面，需要通过理论手段解释现象和挖掘机理本质，揭示分子

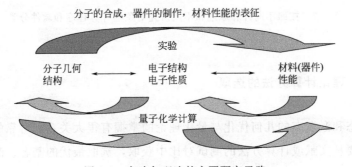

图 2-6　实验与理论的主要研究思路

(堆积，晶体)结构-性质关系，在此基础上修饰加工，设计新的分子，开发新性能，为实验做理论支撑和指导。研究重点主要包括选用可靠的计算方法得到合理的基态激发态构型，在此基础上选用合理准确的理论表征手段探索分子内部的电子结构，联系几何结构与电子结构性质的关系，然后通过计算所得的可估计的参数预测其分子性能，联系电子结构与材料性能的关系。相关机理和量化理论基础的掌握决定其理论研究的宽度和深度。

2.4.2 计算程序和软件的熟练运用

要想严密准确地进行量子化学计算，需要熟练地运用和掌握计算程序和软件以及量子化学原理知识，图2-7基于不同计算原理和不同研究对象做了计算程序和软件分类。本书中所有理论计算均运用Gaussian程序完成。

图2-7 按照不同计算原理和不用研究对象的计算程序和软件分类

2.4.3 理论计算方法的选取

基态和激发态的几何优化与量化理论的掌握有很大关系，可靠的计算方法一般要从文献或计算方法的测试对比中获取，选取最优的基态、激发态计算方法。如，B3LYP优化基态结果与实验符合很好，激发态TD-B3LYP被认为会低估激发能（由于过分考虑电子相关，过度夸大了电子离域）。因此计算方法的测试和校正是必要的。

被广泛应用的激发态计算方法是：

1）价激发：PBE0，M06-2X，BMK；

2）Ryderberg 激发：M06-2X，BMK，Cam-B3LYP，B2PLYP；

3）电荷转移激发：M06-HF，M05-2X，Cam-B3LYP。

对于几个原子构成的分子激发态优化，已被证实 CASPT2、CC2、CC3、EOM-CCSD 和 SAC-CI 经常作为基准来选择可靠且节省机时的方法。

2.4.4　电子结构与性质的表征

① 价键理论：键与键相互作用（NBO 分析可实现）。

② 分子轨道理论：分子内片段间轨道相互作用（CDA），前线分子轨道分布和能级，尤其是 HOMO 和 LUMO 能级（IP 和 AE）——评价主体材料空穴和电子的注入能力。

③ 激发态性质：跃迁属性和特征，电子组态，相关轨道电子云分布。用 ab initio theory、耦合簇理论、TDDFT 等方法模拟单三激发态，用电子差分密度图（EDD）、自然跃迁轨道（NTO）、跃迁密度矩阵（TDM）分析激发态跃迁属性，实现相关轨道跃迁的可视化。需要考虑的是 EDD、NTO、TDM 分析前的 TD 计算基于什么几何构型，基态还是激发态？另外，三重态波函数分布用三重态自旋密度（SD）分布表示，可以用非限制的 DFT 计算实现。

④ 主体发射和客体吸收的光谱模拟（可定性分析）。

第 3 章

基于氧(硫)化膦/咔唑基蓝色磷光主体材料的理论研究
——可有效调节电荷注入性能而不影响三态能

第3章

3.1 引言

最近，在设计理想的蓝色磷光主体材料方面，实验上做出了很大的努力。咔唑衍生物因其较高的三重态能和很好的空穴传输性质在主体材料的发展过程中得到广泛研究[33~35,68,70,132,133]。在蓝色有机电致磷光器件中众所周知的主体材料是 N,N-双咔唑-3,5 苯（mCP）[68]，因为它有一个有利于有效能量转移的较宽的三重态能 2.9eV。然而，由于它的 LUMO 的能量值高达 2.4eV，因而 mCP 的电子注入能力较低。在咔唑骨架结构中引入 1,2,4-苯三唑[33] 或噁二唑类[34~36] 的吸电子基团能够有效地提高电子注入和传输性质。然而，这种方法所产生的给受体结构会导致三线态时分子内的电荷转移，这使得被取代的咔唑的三线态带隙值明显降低。因此，这些带有给电子基团的咔唑衍生物适合应用于红色或者绿色 PHOLEDs。

蓝色 PHOLEDs 中的另一种主体材料为带有超宽能隙作为惰性或者活性基质的有机硅化合物。硅烷衍生物，如 diphenyldi（o-tolyl）silane（UGH1）［二苯基二(邻位-甲苯基)硅烷］和 p-bis（triphenylsilyl）benzene（UGH2）三苯硅基苯，允许客体磷光体直接捕获电荷，但是这种激子形成机制会导致高的驱动电压以及低的功率效率[101,108]。最近的研究将注意力集中到了后者，四面体的硅烷基团，它作为非共轭取代基引入到咔唑骨架结构中可以破坏分子的共轭性并增强其刚性，这样可以产生较高的三线态能量[98,103,106,110]。

膦氧化物（PO）的衍生物被 Sapochak 等人作为新主体材料报道，此类化合物在保持其发光团高的三线态能隙的基础上能明显改善其电荷注入和传输性质[87~89]。近日，一系列的 PO/PhCBZ 杂化（PO-PhCBZs）被合成出来，研究发现它们可以作为蓝色 PHOLEDs 的主体材料[37~43]。取出的受体（PO）和给体（PhCBZ）的 PO-PhCBZs 杂化体兼备 PO 和 PhCBZ 作为主体材料时的优点，因此它们作为双极性主体材料在蓝色磷光 OLED 中具有优异的性能。

考虑到蓝色 PhOLED 中主体材料的电荷注入和三线态能量平衡控制的必要性，Brunner 等人[132]利用最低单重态 S_1 和最低三重态 T_1 的能差（ΔE_{ST}）作为评价主体材料性能的指标。在 T_1 能级较高的情况下，ΔE_{ST} 应该尽可能小，这样才能允许电荷通过可能的 HOMO 和 LUMO 能级有效地注入到具有低 S_1 的主体材料中。有几种不同的方法来评估 ΔE_{ST}，这很大程度上取决于测量的 E_S 和 E_T 值。Köhler 研究组[134~136]和 Brunner 等人[132]从单线态和三线态发射光谱峰位处测量了 E_S 和 E_T 的值。Cooper 等人[137]从磷光光谱的蓝光边缘处估算 E_T 值，从基态吸收和荧光光谱的交叉处估算了 E_S 值。很明显不同的主体材料用于测量 E_S 和 E_T 值的实验方法的不同会阻碍它们性能的直接比较。

如今，量子化学方法在光电材料的研究中成为一个重要的部分，它可以提供深入的观点并增加对实际应用下光物理过程的理解[138~141]。Köhler 研究组[134]、Sancho-García 等人[142]和 Paddon-Row 等人[143]采用含时密度泛函方法（TDDFT）通过计算最低垂直跃迁的单线态（$S_0 \rightarrow S_1$）和三线态（$S_0 \rightarrow T_1$）激发能差值来估算 ΔE_{ST} 值。最近，有文献报道[144~147]用 HOMO/LUMO 能量以及绝热三重态能量值来评价主体材料性能。

在本工作中，对一系列主体材料 PO(S)-PhCBZs 进行了详细的理论研究，试图来解释这些问题：①为什么 PO(S)-PhCBZs 的三线态能不随 H-L 能隙的改变而改变？②ΔE_{ST} 值能否当作评价主体材料性能的综合因素？③PhCBZ 和 PO 部分的不同连接模式如何影响 ΔE_{ST} 值？哪一种连接模式在没有降低三线态能量前提下可以有效改善电子注入性质？另外，我们选择 mCP 作为主体分子的参照物。为了便于比较，FIrpic 被选作主-客体体系中的客体材料。

3.2　计算方法

密度泛函理论（DFT）已经非常成功地为精确计算各种基态性质提供了一种方法，这种方法优于之前的 HF 方法[148~152]。相对于其他泛函来说，

B3LYP 泛函计算的有机分子基态的结构与晶体几何更吻合[138,153]。因此，我们采用 B3LYP/6-31G（d）方法来优化基态的几何结构。

对于激发能量来说，TD-DFT 是 DFT 方法的扩展，在这种方法中，多体的激发与两态的精确含时电荷密度响应相关[154]。许多研究表明，尽管 TD-DFT 方法能精确给出大多数有机分子的激发态性质，激发态的 TD-DFT 能量很大程度上取决于 HF 交换泛函的百分比。Sancho-García 证明了 B3LPY（含 HF20％）、PBE0 或 TPSS0（含 HF25％）泛函可以在由于纯泛函（PBE 或者 TPSS）高估 π-离域的大小而导致激发能的低估和由于泛函 PBEHH 或者 TPSSHH（50％HF 交换）低估 π-离域的大小而导致的激发能的高估间取得平衡[142]。Jacquemin 等人[155]以 CAS-PT2 和 EOM-CCSD 计算的值为基准，对含有最多十个原子的小分子进行了 34 种 DFT 泛函测试，从而进一步证实 BMK 和 M06-2X 方法是最有效的单-三重态跃迁的杂化泛函。

考虑到不同的计算方法适用于不同的化学体系，因此我们选取了九种基于 DFT 的方法来做测试，这九种方法包括 B3LYP、PBE0、BHandHLYP、TPSSh、TPSS0、BMK、M06-2X、CAM-B3LYP 和 B2PLYP。用 CAS-PT2 和 EOM-CCSD 方法作为基准或者实验数据作为参考，上面这些泛函中的大多数都能够可靠地计算 S-T 态的转移。我们的 TD-DFT 的测试计算基于分子的基态几何，且用 6-31＋G** 基组，对比计算值和实验值表明，B3LYP、TPSSh 和 M06-2X 方法的误差比其他泛函小，其他泛函对实验值高估了约 0.34～1.61eV（见图 3-1）。此外，我们比较了 B3LYP、TPSSh 和 M06-2X 几种泛函同图 3-1(b) 中实验值的变化趋势，结果显示，尽管 B3LYP 稍微高估 ΔE_{ST}，但是其整体趋势同实验值接近。这个测试表明 B3LYP 方法适合估算我们工作中与基于 PhCBZ 分子相同系列的相应 ΔE_{ST} 值。

为了进一步研究基组对 S-T 跃迁的影响，我们用相同的 B3LYP 泛函，6-31G* 基组与 6-31＋G** 基组进行计算，并在图 3-2 中列出比较值。如图 3-2 显示这两种基组对四个代表性体系的 ΔE_{ST} 值给出了类似的变化趋势，这表明 6-31G* 基组在描述我们所研究体系的跃迁能的相应趋势方面是可靠的。这样，基于上面的比较结果和考虑到该研究中体系的化学模型的大小，

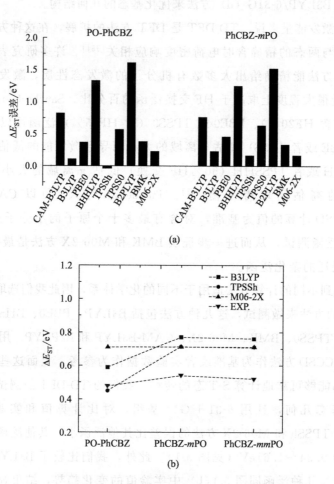

图 3-1 九种不同的泛函对 PO-PhCBZ 和 PhCBZ-mPO 研究
(a) 所得的 ΔE_{ST} 误差的变化趋势;柱状图表示低估值;
(b) 三种泛函计算的 ΔE_{ST} 的变化趋势以及实验对比值

以下的所有计算均采用 6-31G* 基组。

另外,采用自旋无限制的 B3LYP (UB3LYP) 方法优化 T_1 态的稳定结构,发现自旋污染很小。绝热三线态能是由 T_1 和 S_0 总能量的差值计算得到的,它和实验值相一致。典型分子的分子轨道的相关性采用 AOMix 分析。所研究分子的所有计算均采用 Gaussion09 程序包[156]。

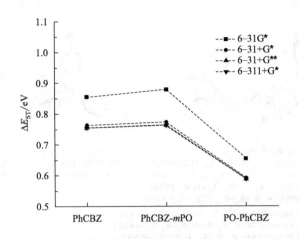

图 3-2 对三个体系采用 B3LYP 泛函和四种不同基组计算
得到的 ΔE_{ST} 变化趋势值

3.3 结果与讨论

3.3.1 研究体系分类

在这个工作中，我们研究的主体材料分子结合了常用的空穴传输基团 PhCBZ 和缺电子的 PO 片段。研究的所有体系列于图 3-3。根据 PhCBZ 与 PO 的链接方式的不同，所有（PO-PhCBZs）体系可分为三类：(a) PO 与 CBZ 直接相连；(b) PO 通过苯基桥与 PhCBZ 相连；(c) PO 连接在 CBZ 与 PhCBZ 的苯基。(a) 部分，给体 PhCBZ 核上连接支链 PO 受体，这涉及到 PO 的间位和对位连接，也就是 PO 分别连接到 CBZ 的 3、6 位（如 PhCBZ-*m*PO 和 PhCBZ-*mm*PO）和 2、7 位（如 PhCBZ-*p*PO 和 PhCBZ-*pp*PO）。(b) 部分，周围带有 CBZ 给体的受体 PO 中心 (PO-Phs)，随着通过苯桥与 PO 中心相连的给体 CBZ 数目的增加从 PO-PhCBZ 变化到 PO-(PhCBZ)₃。(c) 部分，受体 PO 直接连接 CBZ 和 PhCBZ 的苯基，包括 PO-PhCBZ-*m*/*p*PO 和 PO-PhCBZ-*mm*/*pp*PO。

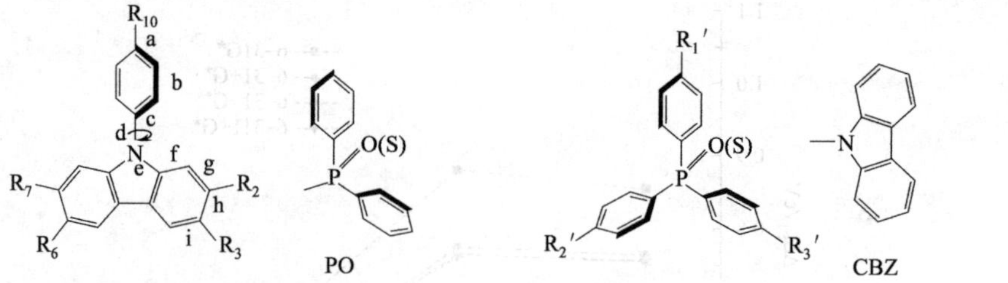

(a) $\begin{cases} \text{PhCBZ}: & R_2=R_3=R_6=R_7=R_{10}=H \\ \text{PhCBZ-}m\text{PO(S)}: & R_2=R_6=R_7=R_{10}=H, R_3=\text{PO(S)} \\ \text{PhCBZ-}mm\text{PO(S)}: & R_2=R_7=R_{10}=H, R_3=R_6=\text{PO(S)} \\ \text{PhCBZ-}p\text{PO(S)}: & R_3=R_6=R_7=R_{10}=H, R_2=\text{PO(S)} \\ \text{PhCBZ-}pp\text{PO(S)}: & R_3=R_7=R_{10}=H, R_2=R_6=\text{PO(S)} \end{cases}$

(b) $\begin{cases} \text{PO(S)-PhCBZ}: & R_1'=\text{CBZ}, R_2'=R_3'=H \\ \text{PO(S)-(PhCBZ)}_2: & R_2'=R_3'=\text{CBZ}, R_1'=H \\ \text{PO(S)-(PhCBZ)}_3: & R_1'=R_2'=R_3'=\text{CBZ} \end{cases}$

(c) $\begin{cases} \text{PO(S)-PhCBZ-}m\text{PO(S)}: & R_2=R_6=R_7=H, R_3=R_{10}=\text{PO(S)} \\ \text{PO(S)-PhCBZ-}mm\text{PO(S)}: & R_2=R_7=H, R_3=R_6=R_{10}=\text{PO(S)} \\ \text{PO(S)-PhCBZ-}p\text{PO(S)}: & R_3=R_6=R_7=H, R_2=R_{10}=\text{PO(S)} \\ \text{PO(S)-PhCBZ-}pp\text{PO(S)}: & R_3=R_7=H, R_2=R_6=R_{10}=\text{PO(S)} \end{cases}$

图 3-3 PhCBZ 与 PO 连接的衍生物几何结构

此外，膦硫化物（PS）代替 PO 的杂化 PS-PhCBZs 作为蓝色磷光体中的主体分子也得以研究。mCP 和 FIrpic 被选作蓝光 PhOLED 中的主-客体系参考体系。

3.3.2　几何结构

为了研究 PO 取代基对 PhCBZ 核的影响，我们对比了 PO-PhCBZs 和未被取代的 PhCBZ 的基态与最低三重态的几何变化，列于表 3-1、图 3-4 中。值得注意的是，中心核 PhCBZ S_0 态下的几何参数在苯环或者 CBZ 上稍微有点受 PO 基团引入的影响，因为同未被取代的 PhCBZ 相比，键长（小于 0.01Å）和扭转角 ω（小于 4°）的偏差较小。比较 PhCBZ 以及其 PO 衍生物的优化后的 T_1 态，可以得到类似的结果。从所有取代的 PO-PhCBZ 到 PhCBZ 的键长和扭转角的差值均分别低于 0.06Å 和 5°。尽管 PO 基的引入限制了对 PhCBZ 在 S_0 和 T_1 态下的限制，但值得提出的是 PO 取代基对 T_1 态的几何影响大于对 S_0 态几何的影响，特别是 $para$-PO 衍生物。

表 3-1 基态和三态的几何扭转角（ω）

化合物		PhCBZ	PhCBZ-mPO	PhCBZ-pPO	PhCBZ-mmPO	PhCBZ-ppPO	PO-PhCBZ
ω	S_0	56.2	58.00	56.26	58.67	58.25	52.46
	T_1	53.6	55.70	53.25	56.23	54.07	49.34

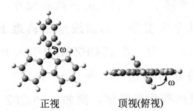

正视   顶视(俯视)

扭曲角 ω 定义为咔唑平面和苯环之间的角度（从上看和从前看）

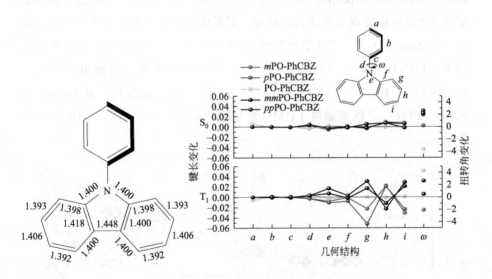

图 3-4 苯咔唑的键长，PO 取代的苯咔唑（PO-PhCBZs）的 S_0 到 T_1 态键长和扭转角的变化。扭转角 ω 定义为咔唑平面与苯的二面角（从侧面看）

有趣的是，所有的体系从 S_0 到 T_1 几何的变化主要集中在 CBZ 核上，苯基集团几乎没有变化。在某种意义上，这个有利于在光诱导电子激发后避免因明显的分子几何弛豫而使得三线态能发生变化。

3.3.3 分子轨道和电荷注入

一个良好的蓝色 PHOLED 主体材料需具备较高的 HOMO 能级和较低的 LUMO 能级使得分子除了具有较大的三线态能外，还可以降低电荷从邻近层注入时的障碍。几个典型分子的前线分子轨道 HOMO、LUMO 分布和能级列于图 3-5。结果表明，在 PhCBZ 核中引入 PO 明显地改变了前线分子轨道（FMOs）的分布和能级。除了 *meta*-POs，LUMO 能级的变化比相应的 HOMO 能级的变化更明显，例如从 PhCBZ 到所有的 PO-PhCBZs 的 LUMO 能级整体的降低（0.37~0.73eV），大于 HOMO 能级的降低（0.12~0.32eV）。对于 *meta*-POs 来说，相比 PhCBZ 核，它的 HOMO 和 LUMO 能级降低程度相同（0.25~0.41eV 和 0.25~0.42eV），这表明间位取代的 PO 可以提高电子注入，但却一定程度上减弱了空穴注入的能力。然而，在 *para*-POs 中，PO 取代基使 LUMO 能级（0.25~0.73eV）的降低多于 HOMO 能级（0.15~0.32eV）。这很可能是因为在增强电荷注入方面，PO 取代基在 CBZ 的对位优于在其间位。类似地发现，从 PhCBZ 到 PO-Phs 前线分子轨道能级 LUMO 降低的（0.37~0.58eV）较 HOMO 能

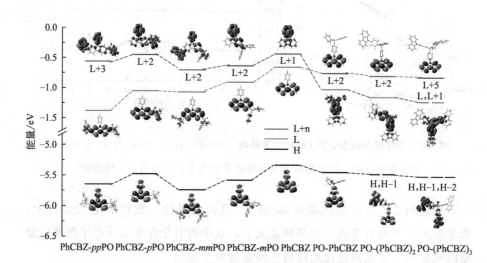

图 3-5　PhCBZ 和 PO 衍生物的前线分子轨道和能级

级（0.12～0.19eV）多。不出所料，在 CBZ 和 PhCBZ 的苯基上引入 PO 对 PhCBZ 的 HOMO 和 LUMO 能级的稳定程度大于仅仅在 CBZ 的对位和间位的取代。相关的 HOMO 和 LUMO 能级列于表 3-2 中。对于 PO-PhCBZ-m/mmPO，LUMO 能级的稳定化稍微大于 HOMO 能级（0.5～0.59eV 和 0.35～0.49eV），然而对于 PO-PhCBZ-p/ppPO，其 LUMO 能级的稳定化大约为 HOMO 能级的两倍（0.51～0.78eV 和 0.29～0.4eV）。总之，相对于 mCP 来说，所有这些体系的电荷注入能力均得到了较大的改善。

表 3-2　PO(S)-PhCBZs 的计算 HOMO 和 LUMO 能级，HOMO-LUMO 能隙 E(H-L)，垂直跃迁能和三态能（单位 eV）

化合物	HOMO	LUMO	E(H-L)	$E(S_0 \rightarrow S_1)$	$E(S_0 \rightarrow T_1)$	ΔE_{ST}	$E_{T(Cal.)}$	$E_{T(Exp.)}$
PO-PhCBZ-mPO	−5.68	−1.15	4.53	3.91	3.17	0.74	3.15	3.01
PO-PhCBZ-mmPO	−5.82	−1.24	4.58	3.96	3.17	0.79	3.13	3.07
PO-PhCBZ-pPO	−5.62	−1.16	4.46	3.83	3.11	0.75	3.07	
PO-PhCBZ-ppPO	−5.73	−1.43	4.30	3.72	3.06	0.66	2.98	
PhCBZ-mPS	−5.55	−0.98	4.57	3.94	3.17	0.77	3.17	
PhCBZ-mmPS	−5.62	−1.18	4.43	3.85	3.16	0.69	3.15	
PS-PhCBZ-mPS	−5.64	−1.26	4.38	3.85	3.16	0.69	3.16	
PS-PhCBZ-mmPS	−5.65	−1.39	4.26	3.81	3.15	0.66	3.15	
PhCBZ-pPS	−5.51	−1.14	4.37	3.77	3.10	0.67	2.97	
PhCBZ-ppPS	−5.66	−1.50	4.16	3.61	2.98	0.63	2.85	
PS-PhCBZ-ppPS	−5.70	−1.59	4.11	3.56	2.99	0.57	2.86	
PS-PhCBZ	−5.49	−1.11	4.38	3.78	3.18	0.60		
PS-(PhCBZ)$_2$	−5.52	−1.23	4.29	3.70	3.17	0.52	3.16	
PS-(PhCBZ)$_3$	−5.55	−1.30	4.25	3.67	3.17	0.50	3.14	

值得注意的是，PO 取代基对 PO-PhCBZs 的轨道能级的影响主要依赖于母体 PhCBZ 中心核前线分子轨道的分布。对于 PhCBZ，LUMO 在 CBZ 的对位具有较大的系数，而在其间位，系数则较小甚至可以忽略。PhCBZ 的 HOMO 轨道则有相反地分布。因此，CBZ 对位上缺电子基团的引入对其 LUMO 能级的影响大于间位，而 HOMO 能级上则出现有相反的现象。基于以上分析，不难发现，在 PhCBZ 对位的 PO 取代基对 LUMO 能级的影响大于其 HOMO 能级。对于包含 PO 核和 PhCBZ 外端的 PO-Phs 体系，离域

在被 PO 取代的苯基上的 LUMO 主要来源于 PhCBZ 的 LUMO+1（分布在苯基部分），这与中心是 PhCBZ、周围是 PO 基团、LUMO 主要定域在源自 PhCBZ 的 LUMO 的咔唑位点的 *meta/para*-POs 体系不同。计算的 PO-Phs 的 LUMO 能级降低的幅度大于间位/对位取代的 PO 化合物，这主要归因于在中心核 PO 与苯基桥之间有效的离域。PO 基团对 PO-Phs 的 HOMO 的贡献很小，并且稳定化的 HOMO 能量随着从 PO-PhCBZ 到 PO-(PhCBZ)$_3$ 过程中 PhCBZ 数目的增加变化不大。

为了研究为什么 PhCBZ 的不同位点上的 PO 取代基能对 HOMO/LUMO 的分布及能量带来如此大的影响，我们用 B3LYP/6-31G* 对异构体 PhCBZ-*m*PO 和 PO-PhCBZ 进行分子轨道相关性（MOC）分析。MOC 被证明在分析每个片段分子轨道对整个分子轨道贡献方面是一种有效的方法，并且它也可以用来分析分子轨道内的相互作用[157~159]。图 3-6 中所描述的体系可以分成片段Ⅰ（PhCBZ）和片段Ⅱ（PO）。结果表明 PO-PhCBZ 中 LUMO（-1.020eV）的贡献主要来自于 PhCBZ 的 LUMO+1（71.4%）和 PO 的 LUMO、LUMO+2（分别为 10.9%，3.5%）。这表明 PhCBZ 基团的苯基上 PO 基的引入导致 PhCBZ 与 PO 基之间较好的电子耦合。然而，PhCBZ-*m*PO 的 LUMO 主要源自 PhCBZ 基团定域在 CBZ 单元上的 LUMO（94.4%）。PO 取代基的这些连接形式对分布在 PhCBZ 基团上的 HOMO 的分布影响很小。MOC 分析能为 PhCBZ 不同位置的 PO 取代基对 HOMO/LUMO 的影响提供一种定性的解释。

3.3.4 三线态能和自旋密度分布

高的三线态能（E_T）是一种衡量理想主体材料的最必要的条件，它应该高于磷光客体，从而可以阻止能量从客体到主体的回流。表 3-2 和表 3-3 表明 PO(S) 取代基很难影响除了对位以外的基于 PhCBZ 体系的 E_T 值（3.13~3.18eV），对位取代的 PO 基可以一定程度地使 E_T 值降低大约 0.10~0.32eV。同蓝色磷光 OLEDs 中广泛使用的参考客体 FIrpic 相比（E_T=2.69eV），所有 PO-PhCBZ 的 E_T 均有不低于 0.16eV 的增加，这可以满足蓝色磷光体中作为主体材料的常规需求。

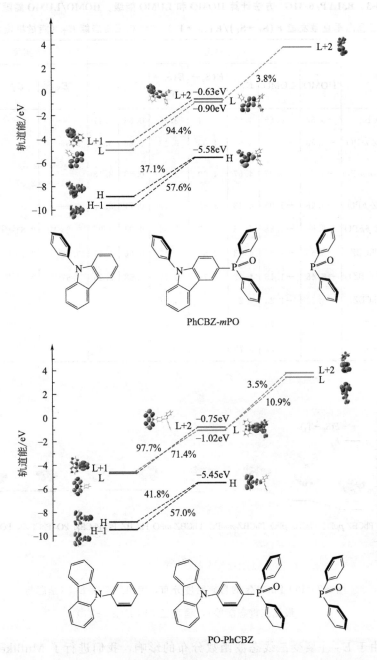

图 3-6　B3LYP/6-31G* 理论方法求得 PhCBZ-*m*PO 和 PO-PhCBZ 的轨道相关图，两分子被分成两片段 PhCBZ 和 PO

表 3-3 B3LYP/6-31G* 方法计算 HOMO 和 LUMO 能级，HOMO/LUMO 能隙 E_{H-L}，单/三重态垂直激发能 $E(S_0 \rightarrow S_1)/E(S_0 \rightarrow T_1)$ 和绝热三重态能 E_T（能量单位为 eV）

化合物	理论							实验		
	HOMO	LUMO	E_{H-L}	$E(S_0 \rightarrow S_1)$	$E(S_0 \rightarrow T_1)$	ΔE_{ST}	E_T	E_S	E_T	ΔE_{ST}
PhCBZ	−5.33	−0.65	4.68	4.04	3.18	0.86	3.17	—	—	—
PhCBZ-mPO	−5.58	−0.90	4.69	4.03	3.18	0.85	3.15	3.56[37]	3.02[37]	0.54
PhCBZ-mmPO	−5.74	−1.07	4.67	4.00	3.17	0.83	3.18	3.54[37]/3.51[42]	3.02[37]/2.97[42]	0.52/0.54
PhCBZ-pPO	−5.48	−1.05	4.43	3.83	3.12	0.71	3.05	—	—	—
PhCBZ-ppPO	−5.65	−1.38	4.26	3.69	3.04	0.64	2.95	3.25[43]	2.81[43]	0.44
PO-PhCBZ	−5.45	−1.02	4.43	3.83	3.17	0.66	3.17	3.58[42]	3.10[42]	0.48
PO-(PhCBZ)$_2$	−5.48	−1.15	4.33	3.75	3.17	0.58	3.16	3.57[39]	3.01[39]	0.44
PO-(PhCBZ)$_3$	−5.52	−1.23	4.29	3.72	3.17	0.55	3.16	3.58[40]	3.03[40]	0.55
mCP	−5.45	−0.75	4.70	4.01	3.18	0.83	3.24	—	2.90[68]	—
FIrpic	−5.47	−1.72	3.75	—	—	—	2.69	—	2.65[68]	—

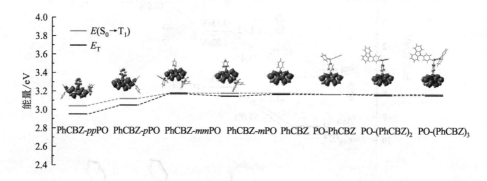

图 3-7 PO-PhCBZs 的自旋密度分布，绝热三态能 E_T（基态与最低三重态能差），垂直三态能 $E(S_0 \rightarrow T_1)$

由于 E_T 主要受三线态波函数分布的影响，我们进行了 Mulliken 布居分析来研究三线态中未成对电子的自旋密度分布。就像图 3-7 中所显示的对于间位 PO 衍生物来说，三线态波函数主要定域在 CBZ 单元上，因此 E_T 值很接近 CBZ 的 E_T 值（3.18eV）。相对而言，对位取代使其 E_T 值稍有降低，这主要是由于对位取代产生较小的扭转角反映出来的三线态波函数离域到 CBZ 相连的邻近的苯基上（表 3-1）。PO-Phs 中三线态波函数的分布同 meta-POs 类似，尽管分子结构中有不止一个的 CBZ。这可以由 PO-Phs 特殊的星型结构来解释，在这种星型结构中，中心的给体 PO 基团能够有效地破坏周围的 PhCBZ 单元间的电子相互作用，这样三线态波函数就会局限在单一的 CBZ 单元上。通过上面的分析，我们可以推测就高的三线态能和有利的电荷注入性质方面而言，PO-Phs 可能是最有潜力的主体材料。

3.3.5 最低单三态劈裂能

这个部分，我们研究 ΔE_{ST} 并且试图去回答它能否作为评估主体材料性能的综合因素。依据上面的分析，在苯基或者 PhCBZ 的对位引入吸电子的 PO 取代基能使得 LUMO 能级比 HOMO 能级降低得更多，这会导致较小的 HOMO-LUMO 带隙（E_{H-L}）。而相对于 PhCBZ，间位的 PO 衍生物的 E_{H-L} 值基本不变；当 PO 连接到 PhCBZ 的间位时，HOMO 和 LUMO 能级降低的程度类似。基于我们的 TD-DFT 计算，所有体系的 $S_0{\rightarrow}S_1$ 激发都主要是由 HOMO→LUMO 跃迁决定的（表 3-4）。$E(S_0{\rightarrow}S_1)$ 的变化与 E_{H-L} 类似，就如图 3-6 中显示的一样。值得注意的是除了 HOMO→LUMO 分量外，只有当其他单一激发组态对 S_1 的贡献很小时，才可以用 $E(S_0{\rightarrow}S_1)$ 的值来近似估计 E_{H-L} 的值。

表 3-4 最低单三态的主要跃迁属性和垂直跃迁能，基于基态几何，与 S_1 态有相同跃迁属性的高水平三态跃迁能（能量单位 eV）

化合物	S_1	T_n	主要跃迁类型	T_1	主要跃迁类型
PhCBZ	4.04	T_2,3.35	HOMO→LUMO	3.18	HOMO−1→LUMO
PhCBZ-mPO	4.03	T_2,3.27	HOMO→LUMO	3.18	HOMO−1→LUMO
PhCBZ-mmPO	4.00	T_2,3.39	HOMO→LUMO	3.12	HOMO−1→LUMO
PO-PhCBZ	3.83	T_2,3.30	HOMO→LUMO	3.17	HOMO−1→LUMO+2
PO-(PhCBZ)$_2$	3.75	T_3,3.27	HOMO→LUMO	3.17	HOMO−3→LUMO+2
PO-(PhCBZ)$_3$	3.72	T_2,3.25	HOMO→LUMO+1	3.17	HOMO−3→LUMO+5
PhCBZ-mPS	4.04	T_2,3.35	HOMO→LUMO	3.18	HOMO−1→LUMO

续表

化合物	S_1	T_n	主要跃迁类型	T_1	主要跃迁类型
PhCBZ-mmPS	3.94	T_2,3.36	HOMO→LUMO	3.17	HOMO−3→LUMO
PS-PhCBZ	3.85	T_2,3.39	HOMO→LUMO	3.16	HOMO−5→LUMO
PS-(PhCBZ)$_2$	3.78	T_2,3.25	HOMO→LUMO	3.18	HOMO−1→LUMO+2
PS-(PhCBZ)$_3$	3.70	T_3,3.23	HOMO→LUMO	3.17	HOMO−2→LUMO+4

从图 3-7 中可以看出，E_T 和 $E(S_0→T_1)$ 值的变化趋势类似，且除了对位取代外，基本不随 PhCBZ 的不同位点上 PO 取代基的引入而改变。从 PhCBZ 到 $para$-POs，E_T 的稳定化程度大于 $E(S_0→T_1)$，这主要是由于对位取代基对激发态结构的影响大于对 Franck-Condon 几何的影响，之前的几何分析可以证明。很明显，只有当 PO 取代基对三线激发态和基态几何具有类似的影响时，我们才可以在这些 PO-PhCBZs 中用 E_T 替代 $E(S_0→T_1)$。这里，对于 $meta$-POs、PO-Phs 以及 PO-PhCBZ-m/mmPO 来说，我们证实了用最低单线态和三线态的垂直激发能的差值 ΔE_{ST} 来估计主体材料的性能是合理的。因为 $E(S_0→S_1)$ 和 $E(S_0→T_1)$ 的变化分别同 E_{H-L} 和 E_T 类似。在图 3-8 中，带有双箭头的灰线代表 ΔE_{ST}，在保持很高 T_1 能量的情

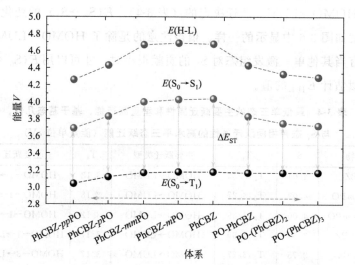

图 3-8 PO-PhCBZs 体系 E(H-L)，垂直 $E(S_0→S_1)$ 和 $E(S_0→T_1)$ 计算值，双箭头线表示 ΔE_{ST}

况下 ΔE_{ST} 应该尽可能小，这样，在合适的 HOMO 和 LUMO 能级下，电荷可以有效地注入到具有较低 S_1 能量值的主体中。

  meta-POs 和 PO-Phs 的 ΔE_{ST} 的柱状图显示于图 3-9 中，结果表明，相对于在 CBZ 的间位取代，苯基上的 PO 取代基使得 ΔE_{ST} 的值降低得更明显。从 PO-PhCBZ 到 PO-(PhCBZ)$_3$，随着 PhCBZ 数目的增加，ΔE_{ST} 的值从 0.66eV 逐渐减少到了 0.55eV。PO-PhCBZ-m/mmPO 的 ΔE_{ST} 值（0.74～0.79eV）比 meta-POs（0.83～0.85eV）低，但是高于 PO-PhCBZ（0.66eV）。相对于 PO-PhCBZs 来说，用电负性更大的 PS 来替代 PO 的 PS-PhCBZs 的 ΔE_{ST} 值降低了 0.05～0.14eV，而它们的自旋密度及 E_T 值保持不变（图 3-10）。结果表明，由于 $E(S_0 \rightarrow S_1)$ 和 $E(S_0 \rightarrow T_1)$ 不同步的变化使得在蓝色 PhOLEDs 中，PO(S)-Phs 作为主体材料的性能可能得到了更有效的改善。

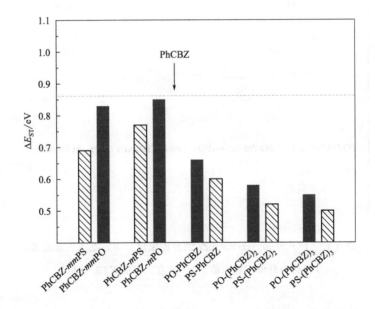

图 3-9 除 para-PO(S)s 以外的所有体系的 ΔE_{ST} 值。有网格线标注的柱状图表示 PS-PhCBZs 的 ΔE_{ST} 值，母核 PhCBZ 的 ΔE_{ST} 值用虚线表示

  为了深入探究 meta-POs 和 PO-Phs 的 $E(S_0 \rightarrow S_1)$ 和 $E(S_0 \rightarrow T_1)$ 作为

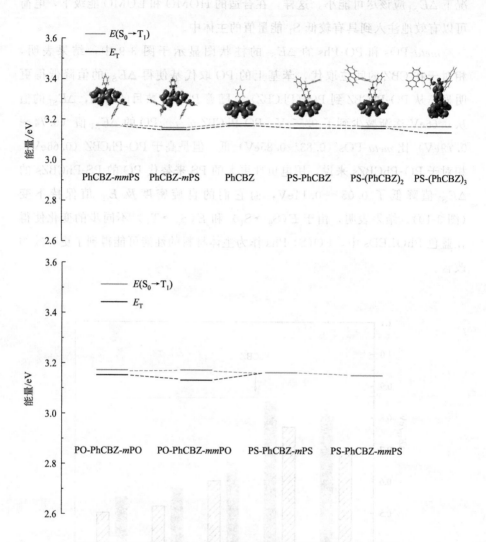

图 3-10　PO(S)-m/mmPhCBZs 的自旋密度分布，绝热三态能 E_T
（基态与最低三重态能差），垂直三态能 $E(S_0 \rightarrow T_1)$

取代基函数的异步变化的原因，我们分析了 S_1 态和 T_1 态的主要电子跃迁组态，相应的数据列于表 3-3 中。从表 3-3 可以看出，S_1 态主要有 HOMO 到 LUMO 的电子跃迁控制，而 T_1 态则主要源自 HOMO$-n \rightarrow$ LUMO$+m$ 的跃迁（$n=1, 3; m=0, 2, 5$），这样，S_1 态和 T_1 态来源于不同的电子跃迁组态。我们知道跃迁特征和垂直激发能取决于 S_1 态和 T_1 态的电子分布及相应单一占据分子轨道（SOMOs）的能量。特别是对于涉及由定域在外围咔唑单元上的 HOMO 跃迁到离域在三苯磷氧基上的 LUMO 的 PO-$(PhCBZ)_3$ 的 S_1 态来说，它是一种典型的分子内电荷转移态（^{1}ICT）（图 3-11）。然而，T_1 态的跃迁贡献来源于 HOMO$-3 \rightarrow$ LUMO$+5$，它具有 CBZ 定域的 $\pi \rightarrow \pi^*$ 的特征。为了清楚地展现电子跃迁的特征，我们基于 S_0 态的几何对 $S_0 \rightarrow S_1$ 和 $S_0 \rightarrow T_1$ 跃迁进行了电子差分密度分析（EDD），并展示于图 3-12 中。EDD 图表明 T_1 态主要源自 CBZ 单元上的 $\pi \rightarrow \pi^*$ 的电子跃迁，这与上面的自旋密度分布相一致（见图 3-7）。我们推测在 $E(S_0 \rightarrow T_1)$ 对 ΔE_{ST} 贡献相似的情况下，ΔE_{ST} 的差异主要来源于不同的 $E(S_0 \rightarrow S_1)$ 的贡献。

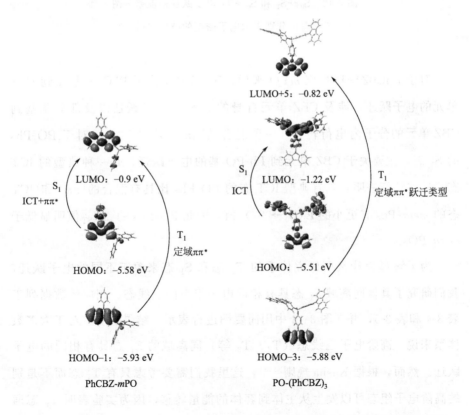

图 3-11　PhCBZ-mPO 和 PO-$(PhCBZ)_3$ 的 S_1 和 T_1 态跃迁的相关轨道分布和能级

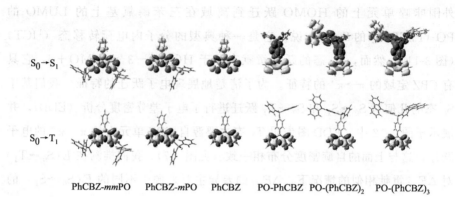

图 3-12 $S_0 \rightarrow S_1$ 和 $S_0 \rightarrow T_1$ 电子跃迁密度差分图

(灰色和黑色分别表示电子密度的减少和增多)

对于 PhCBZ～PhCBZ-mPO 来说，S_1 态主要关于 PhCBZ 基团到 CBZ 单元的电子跃迁，涉及 CBZ 单元自身的 π→π* 电子跃迁以及部分苯基到 CBZ 单元的分子内电荷转移（一种混合的 ^{1}ππ* 和 ^{1}ICT 态）。对于 PO-Phs 的 S_1 态，主要关于 CBZ 单元到 Ph-PO 基的电子跃迁，是一种典型的 ICT 态。这些特征表明：具有典型 ICT 态的 PO-Phs 比具有混合的 ^{1}ππ* 和 ^{1}ICT 态的 meta-Pos 有更小的 $E(S_0 \rightarrow S_1)$ 值，因此 PO-Phs 的 ΔE_{ST} 值明显低于 meta-POs。

为了解释为什么所研究体系的 T_1 态和 S_1 态来源于不同的电子跃迁，我们研究了其他同离域 S_1 态具有相同电子组态的三线态。相应的数据列于表 3-4 和表 3-5，并在图 3-13 中用简要图进行表示。结果表明，对于大多数体系来说，高阶电子三线态（T_2、T_3 等）同离域的 S_1 态具有相同的电子跃迁。然而，根据 Kasha 规则[130]，这里我们需要考虑只有 T_1 态而不是别的高阶电子组态可以发生从主体到客体的能量转移，因为实验表明 T_n 态通常可以通过快速的内转换衰减至 T_1 态。

表 3-5 最低单三态的主要跃迁属性和垂直跃迁能，基于基态几何，与 S_1 态有相同跃迁属性的高水平三态跃迁能（能量单位为 eV）

化合物	S_1	T_n	主要跃迁类型	T_1	主要跃迁类型
PhCBZ	4.04	T_2, 3.35	HOMO→LUMO	3.18	HOMO−1→LUMO
PhCBZ-mPS	3.94	T_2, 3.36	HOMO→LUMO	3.17	HOMO−3→LUMO
PhCBZ-mmPS	3.85	T_2, 3.39	HOMO→LUMO	3.16	HOMO−5→LUMO
PS-PhCBZ	3.78	T_2, 3.25	HOMO→LUMO	3.18	HOMO−1→LUMO+2
PS-(PhCBZ)$_2$	3.70	T_3, 3.23	HOMO→LUMO	3.17	HOMO−2→LUMO+4
PS-(PhCBZ)$_3$	3.67	T_3, 3.21	HOMO→LUMO	3.17	HOMO−3→LUMO+6

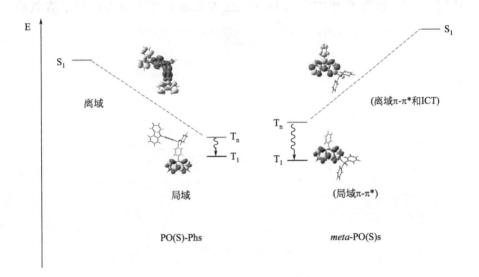

图 3-13 S_1 和 T_1 主要跃迁示意图，包括 EDD 和跃迁能。虚线连接的 T_n 和 S_1 表示具有相同跃迁属性

3.4 本章小结

我们的理论计算结果表明，同常用蓝色磷光主体材料 mCP 相比，所有 PO-PhCBZs 在电子注入能力及三线态能量方面均得到了增强。PO 核作为通过苯桥连接到外围 CBZ 的 PO-Phs，在主体材料的发展方面很有前景，因

为吸电子的 PO 基团可以在不显著影响三线态能的基础上明显降低 LUMO 能级，而这主要是由于三线态激子定域在 CBZ 单元上。

除了 HOMO/LUMO 和三线态能量外，由 $E(S_0 \rightarrow S_1)$ 和 $E(S_0 \rightarrow S_1)$ 的差值得出的 ΔE_{ST} 值可以用来作为评估 meta-POs、PO-Phs 和 PO-PhCBZ-m/mmPO 主体材料性能的一个综合参数，因为 $E(S_0 \rightarrow S_1)$ 和 $E(S_0 \rightarrow T_1)$ 的变化分别同 E_{H-L} 和 E_T 的变化类似。在保持高的 E_T 值的情况下，ΔE_{ST} 值越小，越有利于电荷注入到主体材料中。带有典型[1]ICT 态的 PO-Phs 的 ΔE_{ST} 值比具有$^1\pi\pi^*$/^{1}ICT 态混合态的 meta-POs 的 ΔE_{ST} 值要小，这表明 PO-Phs 的电荷注入能力较好。当吸电子的 PO 基团被电负性更大的 PS 替代时，ΔE_{ST} 值降低 $0.05 \sim 0.14$eV，这表明电荷注入能力得到了有效的改善。

第 4 章

基于苯咔唑/氧化膦的星形状的深蓝色磷光主体材料的量化表征和设计

第4章

基于苯巴唑/氧化酮的氢化水的探索自
磷光主体材料的量化表征和设计

4.1 引言

近年来,大量的实验都致力于设计带有双极性特性的主体材料,由于其可以实现电子和空穴注入/传输/复合的平衡[29,33~67]。到目前为止,深蓝光双极性主体材料还比较缺乏,难点在于如何在双极性性能和宽的三线态能量(约 3.0eV)之间取得平衡[37,101]。

为了阻止在三线态时给受体共轭结构引起的分子间电荷转移(ICT),从而导致的中心发色团三线态带隙的明显减少,一个有效的策略是通过非共轭连接给体和受体基团,这样,不仅可以通过分别调节 HOMO 和 LUMO 实现电子/空穴的注入和传输平衡,还可以通过限制三线态在给体或受体基团而保持高的三线态能量[5,55,56,160]。因为三线态通常倾向于定域在低能量单元,所以另一个需要考虑的是非共轭连接的给体和受体基团各自的三线能。Huang 等人[55]以四芳基硅作为桥将给电子体三苯胺(TPA)和拉电子体苯并咪唑或噁二唑连接到桥的两端,从而合成了一系列四芳基硅双极性主体材料。实验结果发现其三态能(2.69~2.73eV)明显低于 TPA(约 3.05eV)。此外,其他由 Yan 等人合成的系列咔唑/噁二唑混合物(CzOX-Ds),其三线态能量(2.60~2.72eV)也明显低于咔唑(>3.02eV)[56]。这些实验结果说明:这两类主体材料的三态能主要是由具有低三态能的苯并咪唑或噁二唑决定的。也可以理解为,三线态主要分布在拉电子体的苯并噻唑或噁二唑上,而不是在供电子体的咔唑或 TPA 上。Kim 等人[83]也从理论上证实主体材料的 T_1 态限制在具有较低三态能的金属-三苯基(mTP)上而不是咔唑上,这个结果与他们的原始猜想不同。所以,通过非共轭连接带有高的三态能的咔唑和 TPA 和其他受体基团来设计深蓝色磷光体的双极性主体材料的策略,可能并不总是适用的。

Sapochak 等人[87~89]报道了新的主体材料氧化膦(PO)衍生物,这类主体材料不但显著地改进了电子的注入和传输性能,而且保持了发光核高的三态能。近年来,作为蓝色磷光体的双极性宽带隙主体材料的系列氧化膦(PO)/苯基咔唑(PhCBZ)杂化物(PO-PhCBZs)已经被合成和检测,主要的连接模式为 PO 直接或通过苯基间接桥连在 PhCBZ 的咔唑上[37~43]。我们最近的理论研究证实：把 PO 作为核，对于通过苯桥连接到外围咔唑的化合物（PO-Phs）的 LUMO 主要源于 PhCBZ 的 LUMO＋1 的贡献，主要分布在 PO 和苯基桥上[161]。另外，从 PO-PhCBZ 到 PO-$(PhCBZ)_3$，随着外围 PhCBZ 数目的增加，其 LUMO 能级逐渐降低，同时 HOMO 能级和三线态能量保持不变，这主要由于 LUMO 离域在中心 PO 和苯基桥上，而 HOMO 和最低三线态定域在 PhCBZ 单元上。Cho 等人[53]合成了 PO/咔唑混合的主体材料（CzPO1 和 CzPO2），是通过在苯基桥的间位分别引入了 CBZ 和 PO 形成的星形结构（见图 4-1 主体材料 1 和 2)。主体材料 1 和 2 作为蓝光和白光有机发光二极管的双极性主体材料时，显示出良好的性能。另

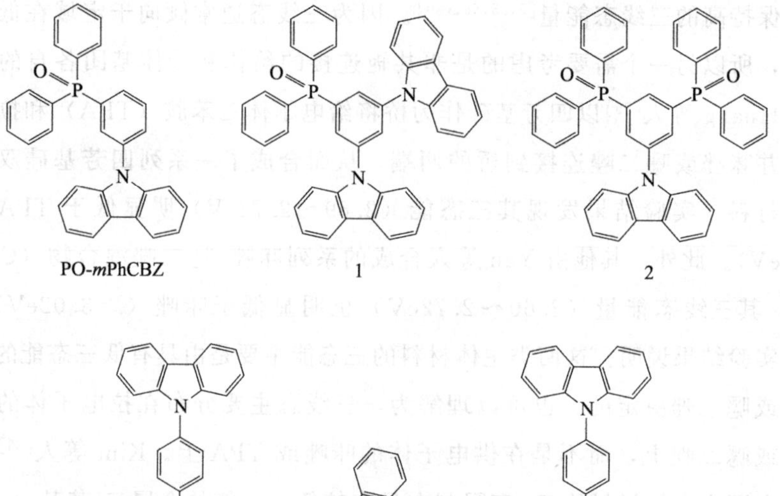

PO-*m*PhCBZ　　1　　2

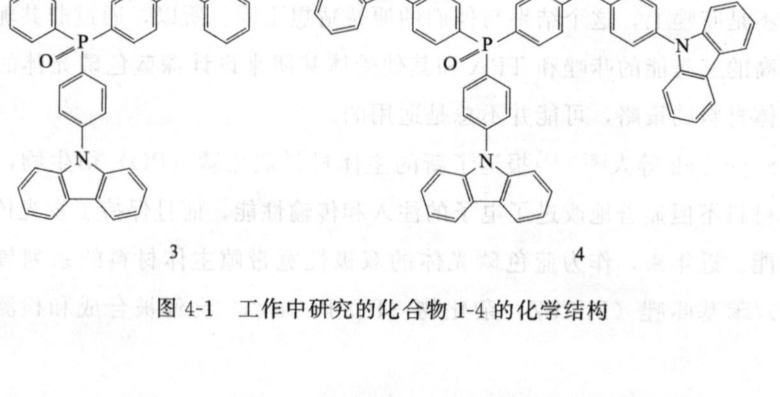

3　　4

图 4-1　工作中研究的化合物 1-4 的化学结构

外，引入四面体框架结构的 PO 基团，可能会增加连续操作时材料的稳定性[40,91]。

在本工作中，我们理论上研究了新型 PO-PhCBZs（化合物1～4），其中包含通过苯基桥联的多种比率和连接模式的给体 CBZ 和受体 PO。PO(PhCBZ)$_n$ ($n=1～3$) 和 PO-mPhCBZ 作为比较而引入。对于 PO-mPhCBZ，PO 和 CBZ 连接在苯环的间位。相比于含有一个 PO 和一个咔唑在苯基桥的对位/间位的 PO-PhCBZ/PO-mPhCBZ 来说，化合物 1 和 2 在苯基桥的间位包含了不止一个 CBZ 和 PO 部分。相对于只含有一个 PO 为中心的 PO(PhCBZ)$_n$ ($n=2$ 和 3)，3 和 4 有两个 PO 和多个苯环形成的中心核，通过在同一个苯环的对位连接两个 POs 部分，同时在每个 PO 的外围通过苯环桥联上给体 CBZ。我们研究了不同比率和多种连接模式的咔唑和 PO 部分的化合物的电子结构（例如前线分子轨道的分布和单线态/三线态跃迁性质）和主体材料的特性（从三个方面，即，三线态能量、电荷注入能力和主客体材料单线态/三线态能量的匹配），在这里，选择 FIr$_6$[101]作为主客体体系中深蓝光客体材料。

4.2　计算方法

密度泛函理论（DFT）在计算多种基态特性方面取得了巨大成就，其精确度可以与 post-Hartree-Fock 方法相媲美。使用 B3LYP 泛函计算有机分子基态（S$_0$）结构，可以比其他泛函更准确地预测分子结构[138,153]。因此，选择 S$_0$ 几何结构的优化用 B3LYP/6-31G* 的方法，采用非限制自旋的 B3LYP（UB3LYP）优化 T$_1$ 态的结构。S$_1$ 态的结构优化通过含时密度泛函理论（TD-DFT）方法，采用杂化泛函 B3LYP。绝热的单线态和三线态能量（E_S 和 E_T）是在 S$_1$、T$_1$ 和 S$_0$ 态的基础上通过 ΔSCF 方法计算的。

此外，许多研究者指出利用 TD-DFT 方法计算激发态能量，依赖于所使用泛函中交换 Hartree-Fock 的成分，虽然 TD-DFT 在计算大多数有机分子激发态的性能时，可以给出准确的结果。最近，我们已研究泛函和基组对单线态/三线态跃迁的影响，通过测试九个DFT方法，证实了B3LYP方法和6-31+G**适合评估一系列PhCBZ/PO混合物的单线态和三线态能量[161]。在此，对于一系列的新型PhCBZ/PO混合物和FIr$_6$，我们同样利用B3LYP泛函，基组采用6-31G**，对于FIr$_6$中的Ir用LANL2DZ赝势基组，来计算垂直S_1和T_1的能量。研究体系中所有的计算是在高斯09程序包中完成的[156]。

4.3 结果与讨论

4.3.1 分子轨道和电荷注入

好的蓝色磷光OLED主体材料需要有高的HOMO和低的LUMO能级，这样可以降低从邻近层或电极注入电子的能垒。1～4和PO-(PhCBZ)$_n$（n=1～3）的HOMO和LUMO能量在表4-1和图4-2中列出。结果表明1和2的LUMO能级相比于PO-PhCBZ降低得更显著，大约降低了0.19～0.21eV。3和4的LUMO（−1.38～1.52eV）明显低于PO-(PhCBZ)$_2$和PO-(PhCBZ)$_3$（−1.15～−1.23eV）的LUMO能级。相比之下，1～4的HOMO能级（−5.44～−5.42eV）相比于PO-(PhCBZ)$_n$的HOMO（−5.45～−5.52eV）来说，有了微小的变化。这些结果表明：1～4中通过改变桥联在苯基上的咔唑和PO的比率和连接模式，有效地降低LUMO能级，进而意味着：相比于PO-(PhCBZ)$_n$（n=1～3），主体1～4在电子注入能力方面有很大的提高却几乎不影响其空穴注入性能。

表4-1 利用B3LYP/6-31G*方法计算所得HOMO和LUMO能量，HOMO/LUMO能隙（E_{H-L}）绝热三线态能量E_T 单位：eV

化合物	HOMO	LUMO	E_{H-L}	E_S	E_T	E_S	$E_{T(exp.)}$
PO-PhCBZ	−5.45	−1.02	4.43	—	3.17	—	3.10[42]
PO-(PhCBZ)$_2$	−5.48	−1.15	4.33	—	3.16	—	3.01[39]
PO-(PhCBZ)$_3$	−5.52	−1.23	4.29	—	3.17	—	3.03[40]
PO-mPhCBZ	−5.35	−0.98	4.36	—	3.17	—	—

续表

化合物	HOMO	LUMO	E_{H-L}	E_S	E_T	E_S	$E_{T(exp.)}$
1	−5.44	−1.21	4.23	3.42	3.14	3.56	2.81[51],2.99[4]
2	−5.42	−1.23	4.19	3.42	3.17	3.51	2.82[51]
3	−5.47	−1.38	4.09	3.37	3.16	—	—
4	−5.52	−1.52	4.00	3.28	3.16	—	—
FIrpic	−5.47	−1.72	3.75	2.78	2.69		2.65[29]
FIr$_6$	−5.78	−1.80	3.97	3.19	3.00		2.72[101]

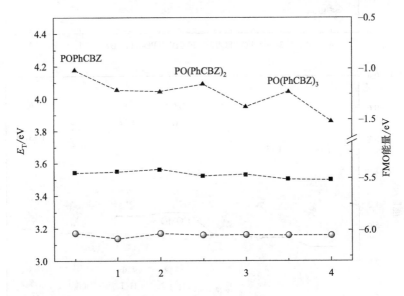

图 4-2 计算的 HOMO 和 LUMO 能（表示为方形和三角形）以及 E_T（表示为小球）

FMO 能量与 FMO 分布有直接的相关，我们系统地研究了化合物 1～4 中不同比率和连接模式的 PO 和 PhCBZ 对 FMO 分布的影响。FMO 分布和能量显示在图 4-3 中，从图 4-3(a) 中可以看出，LUMO 的分布和能级与 1～4 中咔唑和 PO 的不同比率和多种连接模式直接相关。具体地，PO-mPhCBZ 和 1 的 LUMO 主要分布在 PO 和咔唑相连的苯环上，然而咔唑上基本没有分布，但它的分布特性不同于 PhCBZ 的 L+1 和 L+2。值得

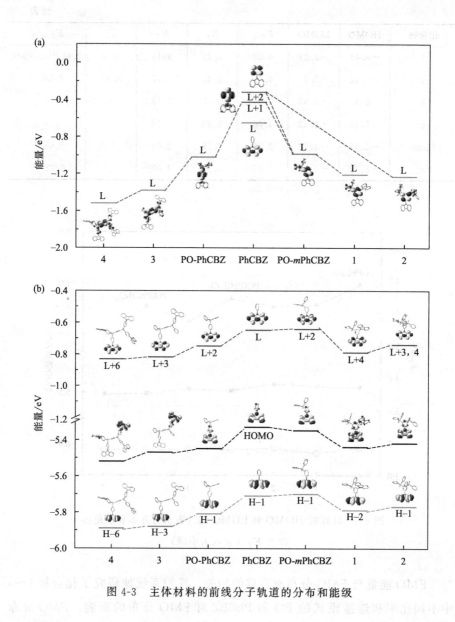

图 4-3 主体材料的前线分子轨道的分布和能级

注意的是,虽然 PO-mPhCBZ 和 1 的 LUMO 分布相似,但 1 的 LUMO 能级明显比 PO-mPhCBZ 低了 0.22eV,由此可推出:相比于 PO-mPhCBZ,1 中 PO/phenyl 核存在强的缺电子性,这主要由于 1 中苯环上两个咔唑单元对苯环的静电效应,正如图 4-4 所示。2 的 LUMO 看来主要源于 PhCBZ 的

L+2。从这些结果中我们可以看出，从 PO-PhCBZ 到 2 的 LUMO 分布随着 PhCBZ 的苯环上 PO 取代的位置的改变而改变，因此，我们很容易推理出受体 PO 对于 PhCBZ 的苯基有着强的诱导效应。3 和 4 的结构是通过把 PO 和咔唑基团连接到苯基桥的对位，相当于多个 PO-PhCBZ 分子的组合，而且其 LUMO 分布在两个 PO 和连接在 PO 上的苯环，尤其是两个 PO 间的苯环分布较多，由此使得它们的 LUMO 能级比 PO-(PhCBZ)$_n$（$n=2$ 和 3）低得多。而 3 和 4 的 LUMO 能级差（0.14eV）主要源于外围的咔唑单元对 PO/苯环中心核的静电效应，这种效应带来了 POs/苯环中心带有更多的正电荷（见图 4-4）。

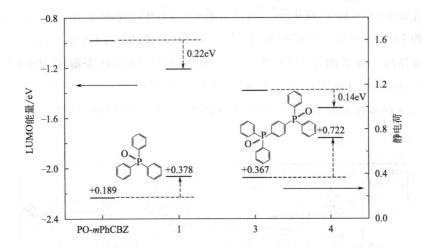

图 4-4　主体材料 1-4 在基态时 PO/苯环中心的 LUMO 能量（深色短线表示，对应于坐标左侧标尺）和静电荷（浅色短线表示，对应于坐标右侧标尺）

相比之下，所有的主体材料有相似的 HOMO 分布，主要来自一个 PhCBZ 的 HOMO，PO 贡献很小［见图 4-3(b)］，因此，HOMO 能级不随着主体材料中 PhCBZ 和 PO 基团的增加而显著变化。然而需要注意的是，除了 HOMO 之外，其他前线分子轨道，即 L+m 和 H−n（$m=1$～3，6；$n=2$～4，6）也都定域在一个 CBZ 单元上，而且分别与 PhCBZ 部分的 LUMO 和 H−1 有着极其类似的分布特性。尽管如此，HOMO、L+m 和 H−n 能量分别微小地偏离于 PhCBZ 的 HOMO、LUMO 和 H−1 能量。以

PO-PhCBZ 为例，虽然 L+2 和 LUMO 有相同的性质，但 L+2 能级低于 LUMO 能级，这意味着 PO 对 PhCBZ 具有静电效应。同时，从 1 到 4，三种类别的前线分子轨道（也就是 L+m、HOMO 和 H-n）依据轨道分布特性呈现出相似的变化趋势。这是因为，从 1 到 4，多种 PO/苯环中心，对三类轨道上定域的咔唑单元产生了不同程度的静电效应。

为了定量分析在 PhCBZ 的苯环的不同取代位置引入 PO 引起的 PO 和 PhCBZ 的轨道相互作用的影响，我们对 PO-PhCBZ、PO-mPhCBZ 和 2 采用 B3LYP/6-31G* 计算方法做了分子轨道相关（MOC）分析。MOC 已经被证实可以清晰地呈现每个分子片段对整个分子轨道的贡献和进一步分析分子内部轨道相互作用的一种有效手段[157~159,161]。图 4-5 中三个体系都被分成片段 1（PhCBZ）和片段 2（PO），图 4-5（a）中的结果显示了 PO-PhCBZ 中的 LUMO 来源于 PhCBZ 的 L+1（71.4%）和 PO 的 L+1（11.2%）的相互作用。对于图 4-5（b）中的 PO-mPhCBZ，LUMO 来源于 PhCBZ 的 L+1 和 L+2（分别是 49.5% 和 20.2%）和 PO 的 L+1。所以，分布在 PhCBZ 的苯环上的 LUMO 是 PhCBZ 的 L+1 和 L+2 间的轨道耦合。2 的

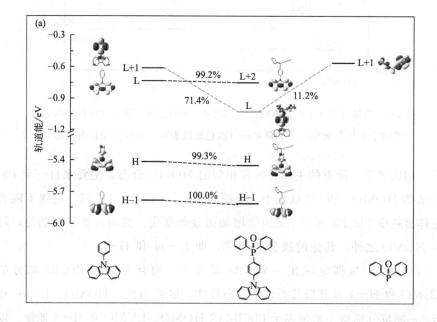

第4章 基于苯咔唑/氧化膦的星形状的深蓝色磷光主体材料的量化表征和设计 | 75

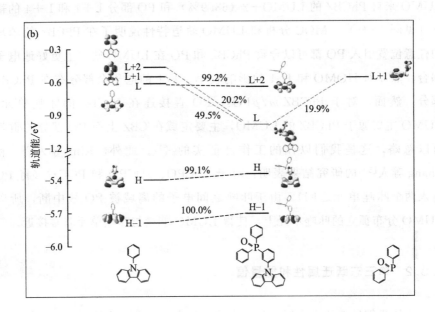

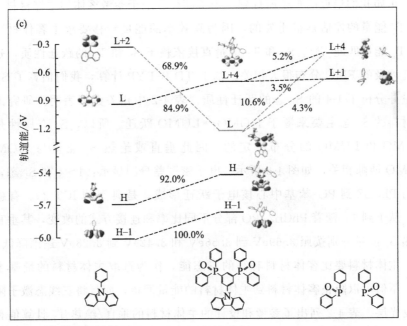

图 4-5 采用 B3LYP/6-31G* 方法计算的 PO-PhCBZ（a）、PO-mPhCBZ（b）和 2（c）的轨道相关图，都被分成两个片段（PhCBZ 和 PO）

LUMO 来自 PhCBZ 的 LUMO+2（68.9%）和 PO 部分 L+1 和 L+4 的耦合［见图 4-5(c)］。MOC 分析和 LUMO 轨道特性说明了在 PhCBZ 的苯环的任意位置引入 PO 都可以导致 PhCBZ 和 PO 在 LUMO 轨道上更好地电子耦合，然而对 HOMO 和 H-1 的影响较小，其上的电子全部分布在 PhCBZ 部分。然而，对于 PhCBZ-m/pPOs，PO 直接连在 PhCBZ 的咔唑单元，LUMO 主要源于 PhCBZ 的 LUMO，主要定域在 CBZ 上而 PO 部分的贡献可以忽略，这是我们以往的工作已证实的[161]。此外，Kim 等人[162] 和 Chang 等人[50] 的研究结果表明：对于 4DCPO、2DCPO 和 POCz3（将 PO 引入两个咔唑单元之间），由于咔唑之间电子的离域被 PO 核中断，所以 LUMO 分布孤立的咔唑单元上，使得 LUMO 能量与咔唑单元非常接近。

4.3.2 单三态跃迁属性和能量值

正如我们最近的报告所提到：为了获得合适于参考客体的主体材料，对 S_1/T_1 能量的评估是很重要的，因为高效率的能量转移要求主客体材料的 S_1/T_1 能量匹配[118]。S_1 和 T_1 能量直接依赖于 S_1 和 T_1 的跃迁性质，这与跃迁涉及的 FMO 分布很大相关。基于 TD-B3LYP 计算，我们估算了 S_1 的能量并分析了 1-4 的 S_1 态的跃迁性质。表 4-2 中相关数据表明：研究的主体材料的 S_1 态主要来源于 HOMO→LUMO 跃迁。所以，S_1 态属性是由 HOMO 和 LUMO 的分布决定的，因此垂直或绝热 S_1 能量与 HOMO-LUMO 能隙相关，如图 4-6 所示。电子密度差分图显示：1~4 在 S_1 态，主要由 PhCBZ 到 PO-苯基中心核电子跃迁形成，是典型的 ICT 态。有趣的是，从 1 到 4，随着 PhCBZ/PO 部分不同比率和连接方式的改变，其垂直和绝热 S_1 能量分别按照 3.69eV 到 3.56eV 和 3.42eV 到 3.28eV 逐渐降低。

主体材料要比客体材料有高的三态能，作为选取主体材料的最基本要求，不但可以阻止客体材料到主体材料的能量回传，而且将三线态激子限制在发光层。表 4-2 列出了参考和设计的主体材料的垂直/绝热 T_1 计算值和实验数。从表 4-2 看出，参考体系的绝热 T_1 能量与实验值符合较好，1~4 的 E_T 相比于 FIrpic 和深蓝色 FIr$_6$（E_T=2.69eV 和 3.00eV）分别提高了 0.45 和 0.14eV。由于 E_T 是由三线态波函数的分布而决定，我们采用 Mulliken 分

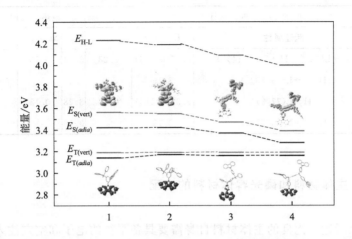

图 4-6 三线态的 E_{H-L}、自旋密度（SD）分布、单线态电子密度差（EDD）和 PO-PhCBZs 垂直和绝热单线态/三线态能量

布表征三线态时未成对电子的自旋密度分布。如图 4-6 所示，对于 1~4，尽管构成分子不止一个 CBZ 单元，但是三线态波函数只分布在一个 CBZ 单元上，这与 PO-(PhCBZ)$_n$（$n=1\sim 3$）很相似，因此其 E_T 值（3.14~3.17eV）与 CBZ（3.18eV）很接近。此外，垂直 T_1 能量都为 3.19eV，且 Frank-Condon-T_1 态正好都源于 H-n→L+m（$n=2\sim 4, 6$；$m=1\sim 3, 6$），而上述 FMO 分析已证明这些轨道主要定域在 CBZ 单元，因此可得出 Frank-Condon-T_1 态与稳定的 T_1 态有相同的跃迁性质，这说明 1~4 中 T_1 垂直和绝热能量的微小差别（0.02~0.05eV）仅来源于从 Frank-Condon-T_1 态到稳定 T_1 态的几何弛豫。

表 4-2 最低 S_1 和 T_1 的主要跃迁和垂直/绝热激发能量和单—三线态能差 ΔE_{ST}

单位：eV

化合物	状态	垂直跃迁			绝热		$E_{Exp.}$
		跃迁属性	$E_{vert.}$ (f)	$\Delta E_{ST(vert)}$	$E_{adia.}$	$\Delta E_{ST(adia)}$	
1	S_1	H→L(95%)	3.56(0.061)	0.37	3.42	0.28	3.57[4]
	T_1	H—2→L+4(71%)	3.19		3.14		2.81[51], 2.99[4]
2	S_1	H→L(97%)	3.55(0.011)	0.36	3.42	0.25	3.51[51]
	T_1	H—1→L+3(31%), H—1→L+4(40%)	3.19		3.17		2.82[51]

续表

化合物	状态	垂直跃迁			绝热		$E_{\text{Exp.}}$
		跃迁属性	$E_{\text{vert.}}$ (f)	$\Delta E_{\text{ST(vert)}}$	$E_{\text{adia.}}$	$\Delta E_{\text{ST(adia)}}$	
3	S_1	H→L(63%), H→L+1(14%)	3.47(0.226)	0.28	3.34	0.18	—
	T_1	H−3→L+3(73%)	3.19		3.16		—
4	S_1	H→L(77%)	3.39(0.163)	0.20	3.28	0.12	—
	T_1	H−6→L+6(71%)	3.19		3.16		—

4.3.3 主体材料和磷光客体材料的匹配

如上所述，优良的主体材料自身需要具备平衡的电子和空穴注入能力和高于客体材料的 T_1 能。重要的是，合适地选择主体和客体材料对于决定磷光发射机制有重要的意义，因为主体和客体材料固有的 S_1 和 T_1 能量最终决定主体到客体能量转移的可能性。在实验中，发生单线态—单线态 Förster 能量转移（S-S FET）[113]是通过观察主体荧光发射光谱和客体吸收光谱是否有重叠而判定的。然而，实验上无法从主体和客体的光谱中判断三线态-三线态 Dexter 能量转移（T-T DET）[114]的可能性，因为主客体材料的三线态是一种寿命长（微秒或更多），非辐射的"暗"态。理论上，有效地 S-S FET 和 T-T DET 需要主体材料比客体材料的 S_1 和 T_1 能量高，通过这种判断方式已经很好地解决了实验的问题。如图 4-7(a) 所示，化合物 1 和 2 分别比 FIrpic 的 S_1 和 T_1 的能量高了 0.64 和 0.45～0.48eV。因此，在这样的主客体材料体系中，客体材料的单线态激子的形成主要是通过主体材料的单线态激子经过 S-S FET 得到的；而客体材料的三线态激子可能来源于主体材料的单线态激子通过系间窜越到客体和三线态激子的 T-T DET 两方面形成的。那么，由于主体材料的三线态能量比客体材料高，可以阻止能量从客体到主体的逆向转移，所以客体材料上的三线态激子可能都会发生磷光辐射。这个关于 S-S FET 可能发生的理论证据与实验中通过主体荧光发射光谱和客体吸收光谱的有效重叠来证实是一致的[51]。然而，主体和客体材料之间的较大的 S_1 和 T_1 能差在 1 和 2 到 FIrpic 的 FET 过程中可能发生大的能量损失。从主客体材料 S_1 和 T_1 能量匹配的角度来看，1 和 2 可能更

适合深蓝色 FIr_6，因为主客体之间的能量差较小，分别是刚好允许主客体材料之间的 S-S FET 和 T-T DET（S_1 能差为 0.23eV 和 T_1 能差为 0.14～0.17eV）[见图 4-7(b)]。而具有扩大的 PO 中心和多个外围咔唑的 3 和 4 化合物可能对 FIr_6 展示出更好的主体性能，由于主体自身的平衡的电子和空穴注入性能和主客体之间 S_1/T_1 匹配的能量（S_1 和 T_1 能量差分别是 0.09～0.18eV 和 0.16eV）带来的有效 FET/DET。

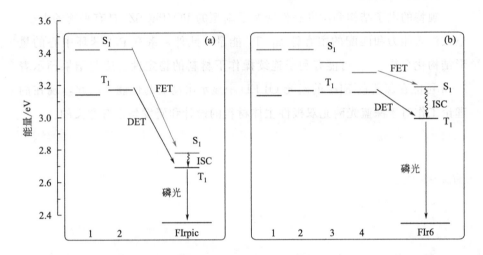

图 4-7　1～2 和 FIrpic 的单线态和三线态能量（a）和 1～4 和 FIr_6 的单线态和三线态能量（b）

4.4　结论

我们研究了一系列星形 PO/PhCBZ 杂化物（1～4），1～4 都是苯基桥联 PO 和 CBZ，并且研究了 CBZ 和 PO 不同数量和多种连接模式对电子结构和主体材料性能的影响。

主体材料 1～4 的 S_1 态源于 HOMO→LUMO 跃迁，具有明显的 ICT 特征。由于 PO 对相连的苯环有强的吸电子诱导效应，因此 LUMO 遍布于整个 PO-苯中心，而 HOMO 定域在外围 PhCBZ 部分。LUMO 在中心的离域和外围 CBZ 单元对 PO/苯基中心的静电效应共同降低了 LUMO 能量，因此在 HOMO 能量几乎不变的情况下，1～4 的 S_1 能量从 3.42 降到 3.28eV。有趣的是，主体材料的主要定域在外围咔唑上的三类轨道 HOMO、H-n 和 L+m 与 PhCBZ 的 HOMO、H-1 和 LUMO 有着类似分布特征。然而对应能量有不同程度的变化，这说明 PO-苯基中心对分布有 FMO 的 CBZ 单元有着静电效应。T_1 态恰恰源于 H-n→L+m 跃迁，这决定主体 1～4 保持高的三态能值（3.14～3.17eV）。

独特的电子结构和激发态性能赋予新型的 PO/PhCBZs 具有平衡的电子/空穴注入能力和匹配的主客体 S_1/T_1 能量。此外，带有 PO-苯环中心的星形结构化合物 1～4 可能有利于连续操作下材料的稳定性。这些结果预示着 1～4 可能在深蓝色 FIr_6 的磷光 OLED 中显示出高效的性能。因此，现在的理论工作对于深蓝光磷光双极性主体材料的设计和研发是很有意义的。

第 5 章

绿光到深蓝光磷光主体材料的理论设计

第 5 章

रेलर引深器光学主体材料的理论设计

5.1 引言

  PhOLEDs 因其能捕获单线态和三线态激子达到接近 100% 的内量子效率而得到了广泛的关注[7,8]。磷光发射体通常具有较长的寿命,以进行长程扩散,这可能导致不利的浓度猝灭或者三线态-三线态湮灭,因而使其性能下降。为了克服这个缺点,磷光发射体通常掺杂进合适的主体材料中,产生主-客体体系。从主体到客体有效的能量转移要求主体材料的三线态能比掺杂发射体高以阻止能量从客体回流到主体材料中。此外,好的主体材料要求具有有利的 HOMO 和 LUMO 能级以有利于电荷从邻近层或者电极注入,这样可以降低器件的驱动电压。

  最近的研究趋势集中于具有双极性性质的主体材料的发展,因为双极性主体材料能够进行平衡的电荷注入/传输/重组[33~43]。此外,为了获得蓝色磷光体的主体材料,保持高三线态能的有效方式是打破给体和受体基团间的共轭性,从而实现三线态激子定域在给体或者受体上。PO 衍生物作为新型的主体材料已经被证实可以保证发光核高的三态能的前提下有效提高电子和空穴能力[87~89,145]。这主要是由于具有四面体结构的 PO 可以有效阻断中心核与外围芳基之间的共轭,同时氧的电负性使 PO 基团具有了强的极性和拉电子能力。最近,一系列的 PO/PhCBZ/PO-PhCBZs 被合成出来,并且被作为蓝色 PhOLEDs 进行研究[37~43]。我们从理论上证明了 PO 基团直接连接到 PhCBZ 上的苯基可以在不影响 HOMO 和三线态能量的基础上有效地降低 LUMO 能级,这主要是由于 LUMO 在 PO 和 PhCBZ 间离域而 HOMO 和三线激发态则定域在 CBZ 单元上[161]。此外,从马於光课题组的关于 PO 和 CBZ 基团间引入苯基吡啶桥的研究结果可以看出,HOMOs 和 LUMOs 分别分布在吡啶咔唑基团和苯基吡啶基团上[163]。注意不同的连接方式有可能导致 pPO-ppy-pCZ 和 pPO-ppy-mCZ 的三线态激子不同的离域形式,如图 5-1 所示。三线态激子主要定域在 pPO-ppy-pCZ 的苯基吡啶桥上,而对于 pPO-ppy-mCZ 则主要定域在 CBZ 单元上,这导致 pPO-ppy-pCZ 与 pPO-ppy-mCZ 间的三线态能差较大(2.65eV 和 3.18eV)。然而,Kim 等人[83]指出主体的三态能主要局域在具有较低三态能的中心三苯桥上,不是在端基的咔唑上,这些结果引起了我们的注意。因此,在本工作中,我们把 PO 和 CBZ 基团连接到类二苯桥的对位和间位,设计了一系列主体材料。所有研究的体系展示于图 5-2 中。此外,我们选了四种参考客体来作为主-客体体系中的绿色/深蓝色客体,如 $Ir(ppy)_3$[30]、FIrpic[29]、FCNIr[37] 和 FIr_6[108]。为了证实我们所研究的主体材料的双极性性质,我们也选择了 Alq3 和 *m*CP 分别作为只具有电子传输和空穴传输的参考主体。

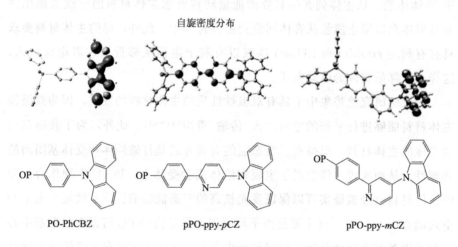

图 5-1 已研究体系的化学结构及其三态激子分布

对于所有的参考主体和客体分子,我们使用不同的方法计算了它们的 HOMO/LUMO 能级以及单线态、三线态能量,并且通过理论和实验值的比较,选择了最可靠的方法。然后,运用这些可靠的方法,我们估计了所设计的主体材料的 HOMO/LUMO 能级和单线态/三线态能量,从而来推测它们的性能。研究结果表明,这些设计的主体材料具有很好的电子/空穴注入性质,并且通过改变 DP 桥上 N 原子的数目和位置来调节的三线能,从而适合不同颜色的客体。我们的目的是通过量化手段试图来解释这些问题:①在固定分子骨架的情况下,DP 桥上 N 原子位置的改变或者 N 原子数目的增加是怎样影响 HOMO/LUMO 以及三线的分布和能级的?②在固定几何骨架下,为什么主体 1~8 具有显著不同的三线态分布和能量?

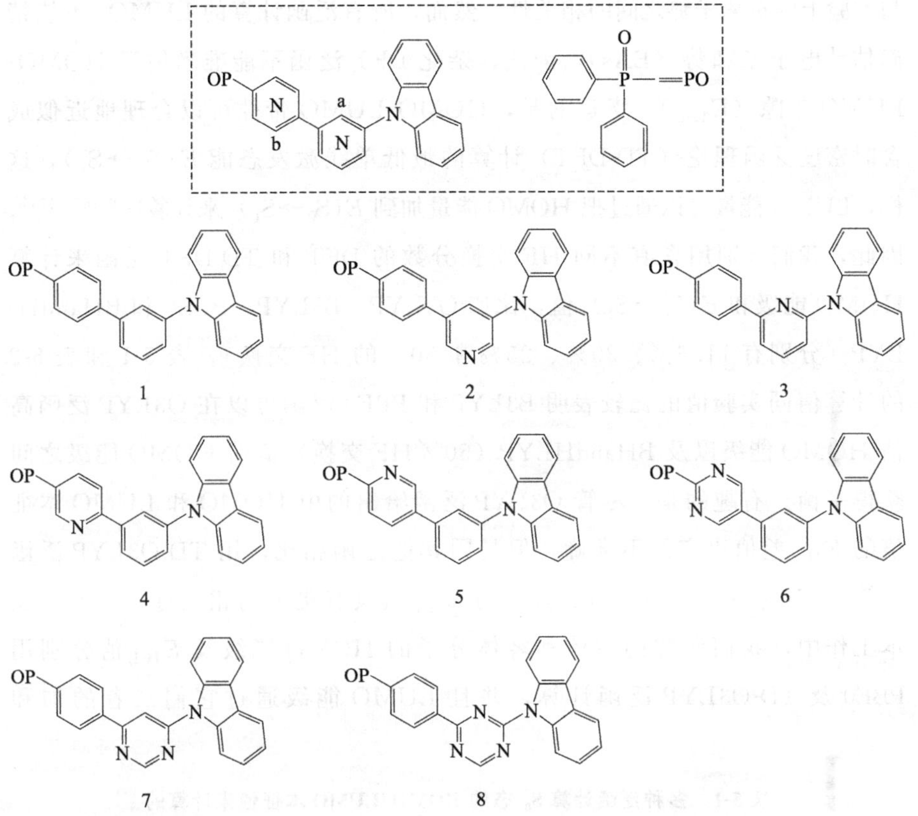

图 5-2 本工作所研究的类苯基咔唑及其 PO 衍生物的化学结构

5.2 计算方法

密度泛函理论（DFT）在精确计算各种各样基态（S_0）性质方面是一种成功的方法，它优于以前的 HF 方法[148~152]。相对于其他泛函来说，PBE0 杂化泛函计算的有机分子的基态结构与晶体几何更一致[163~165]。这样，所有主体、客体和参考分子的 S_0 几何优化都采用 PBE0 泛函。Musgrave 和 Nelson 等人[166,167]证实了用优化的 S_0 结果通过直接计算 HOMO/LUMO 本征值来预测 HOMO 和 LUMO 能量是可靠的。此外，他们证实可以通过选择合适的 DFT 泛函来推测 HOMO 能级,从而提高计算的 HOMO 本征值与实验上的负离子势之间的相关性。然而,所有泛函计算的 LUMOs 不能精确估计电子亲和势(EAs),因此,杂化 DFT 泛函不能准确估算 HOMO-LUMO 带隙(E_{H-L})。幸运的是,HOMO-LUMO 带隙可以合理地近似成含时密度泛函理论(TD-DFT)计算的最低单线激发态能 $E(S_0 \rightarrow S_1)$,这样,LUMO 能量可以通过把 HOMO 能量加到 $E(S_0 \rightarrow S_1)$ 来计算[149,167~170]。因此,我们分别用含有不同 HF 交换分数的 DFT 和 TD-DFT 泛函来计算 HOMO 能级和 $E(S_0 \rightarrow S_1)$ 值,比如 O3LYP、B3LYP、PBE0 和 BHandH-LYP(分别有 11.6%、20%、25% 和 50% 的 HF 交换)。表 5-1 和表 5-2 的计算值同实验值的比较表明 B3LYP 和 PBE0 泛函可以在 O3LYP 泛函高估 HOMO 能级以及 BHandHLYP(50% HF 交换)低估 HOMO 能级之间获得平衡。有趣的是,尽管 O3LYP 泛函给出的由 HOMO 和 LUMO 本征值的 E_{H-L} 差值决定的不准确,但是同其他泛函相比,用 TD-O3LYP 泛函计算的 $E(S_0 \rightarrow S_1)$ 的值与实验上的 E_{H-L} 值具有更大的相关性。因此,在本工作中,我们研究的主体和客体分子的 HOMO 能级及 E_{H-L} 值分别用 PBE0 及 TD-O3LYP 泛函计算,并且 LUMO 能级通过它们二者的加和获得。

表 5-1　多种泛函计算 S_0 态的 HOMO/LUMO 本征值来计算的 HOMO/LUMO 能级以及参考分子的实验值　　单位:eV

化合物	E_H					E_L				
	O3LYP	B3LYP	PBE0	BH&HLYP	Exp.	O3LYP	B3LYP	PBE0	BH&HLYP	Exp.
PO-PhCBZ[42]	−5.12	−5.45	−5.71	−6.42	−5.70	−1.24	−1.02	−0.91	0.19	−2.12
PPO1[37]	−5.24	−5.58	−5.85	−6.55	−6.16	−1.07	−0.90	−0.80	0.25	−2.60
mCP[37]	−5.09	−5.45	−5.90	−6.37	−6.10	−1.05	−0.76	−0.67	0.40	−2.40
Alq3[37]	−4.65	−5.20	−5.25	−5.99	−5.80	−1.93	−1.73	−1.58	−0.54	−3.00
FIr$_6$[108]	−5.39	−5.78	−6.02	−6.94	−6.10	−2.00	−1.80	−1.66	−0.63	−3.10
FCNIr[37]	−5.80	−6.20	−6.46	−7.37	−5.80	−2.49	−2.32	−2.16	−1.15	−3.00
FIrpic[29]	−5.08	−5.47	−5.72	−6.65	−5.70	−1.91	−1.72	−1.87	0.52	−2.70
Ir(ppy)$_3$[30]	−4.46	−4.85	−5.11	−5.97	−5.60	−1.39	−1.19	−1.14	0.008	−3.00

表 5-2　通过多种泛函计算的垂直单重态能（E_{S1}）和 HOMO-LUMO 能差

化合物	$E(S_0 \rightarrow S_1)$			$\Delta E(\text{H-L})$			
	PBE0	B3LYP	O3LYP	PBE0	B3LYP	O3LYP	$E_{\text{H-L}}$(Exp.)
PO-PhCBZ	3.90	3.83	3.54	4.80	4.43	3.88	3.58
PPO1	4.01	3.92	3.79	5.05	4.68	4.17	3.56
mCP	4.07	4.01	3.70	5.23	4.69	4.04	3.70
Alq3	2.97	2.90	2.41	3.67	3.47	2.72	2.80
FIr$_6$[106]	3.36	3.24	2.96	4.36	3.98	3.39	3.00
FCNIr[35]	3.28	3.16	2.89	4.30	3.88	3.31	2.80
FIrpic[29]	3.13	3.03	2.71	3.85	3.75	3.17	3.00
Ir(ppy)$_3$[30]	3.07	2.90	2.59	3.97	3.66	3.07	2.60

为了讨论进行有效能量转移时主体和客体间 S_1/T_1 能的匹配，基于优化的 S_1、T_1 和 S_0 态的几何，我们用 ΔSCF[171~173]方法计算了绝热的 S_1 和 T_1 能。TD-DFT 方法可以给中等尺寸分子的 S_1 态一个合理的几何[100,172]。对于 T_1 态自旋限制的 TD-DFT 和自旋未受限制的 DFT（UDFT）都可以用来优化 T_1 的几何。因此我们使用 TD-PBE0 和 HF 交换成分不同的自旋未受限制的 DFT（UDFT）方法来优化 T_1 的几何。结果表明 TD-PBE0 和带有不同 HF 交换分数的 UDFT 方法给出的 1～3 的 T_1 态的能量值接近，并且跃迁特征类似（见图 5-3）。因为在优化 T_1 几何时，同 UDFT 方法相比，TDDFT 方法更加耗时，因此，我们用 UDFT 方法来优化 T_1 的几何。此外，使用 O3LPY 和 B3LYP 泛函时，E_S 值明显比 E_T 值低，这表明 HF 交换成分低的泛函常高估 π-离域的大小，故会严重低估 E_S 值。表 5-3 数据表明，用 PBE0 以及 TD-PBE0/UPBE0 泛函计算得到的 HOMO 和 LUMO 能级以及单线态绝热能与实验吻合较好。因此，在我们的工作中，TD-PBE0/UPBE0 泛函被用于优化体系 1～7 的 S_1 和 T_1 态。此外，为了很好地理解 S_1 和 T_1 态的本质，我们基于 S_0、S_1 和 T_1 几何，用 PBE0/6-31+G* 进行 TD-DFT 计算。对于涉及均等贡献多跃迁组态的 Frank-Condon-S_1 和 T_1 态来说，基于 TDDFT 计算的自然跃迁轨道（NTOs）[174]被用于分析激发态的跃迁本质。

除了参考客体的 Ir 原子用 LANL2DZ 赝势基组外，所研究体系的所有的几何优化计算都是用 6-31G* 基组。我们研究的这些体系的所有计算都是用 Gaussian 09 程序包进行的[156]。

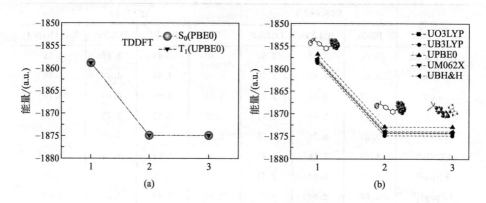

图 5-3　分别通过 TD-PBE0 和自旋非限制性 DFT（a）和方法计算得到的体系 1~3 没有虚频的稳定三态能（b）

表 5-3　HOMO 和 LUMO 能级（E_H 和 E_L）、单三态绝热能（E_S/E_T）和参考分子的实验值　　　　单位：eV

化合物	E_H	E_L	E_{H-L}	E_S	E_T	$E_{H(exp.)}$	$E_{L(exp.)}$	$E_{H-L(exp.)}$	$E_{T(exp.)}$
PO-PhCBZ[42]	−5.71	−2.17	3.54	—	3.17	−5.70	−2.12	3.58	3.10
PPO1[37]	−5.85	−2.06	3.79	—	3.15	−6.16	−2.60	3.56	3.02
mCP[37]	−5.90	−2.20	3.70	—	3.24	−6.10	−2.40	3.70	2.90
Alq3[37]	−5.25	−2.84	2.41	—	—	−5.80	−3.00	2.80	—
FIr6[108]	−6.02	−3.06	2.96	3.19	3.12	−6.10	−3.10	3.00	2.72
FCNIr[37]	−6.46	−3.57	2.89	2.94	2.86	−5.80	−3.00	2.80	2.80
FIrpic[29]	−5.72	−3.01	2.71	2.94	2.76	−5.70	−2.70	3.00	2.65
Ir(ppy)3[30]	−5.11	−2.52	2.59	2.84	2.61	−5.60	−3.00	2.60	2.42

5.3　结果与讨论

5.3.1　分子轨道和最低单线激发态

蓝色磷光体中好的主体材料要求具备高的 HOMO 和低的 LUMO 能级，以降低从邻近层和电极注入电荷的能垒，这有利于降低器件的驱动电压。研究体系的前线分子轨道（FMOs）的等值线图和能级图展示于图 5-4 中。由于所有化合物 1~8 具有相似的轨道分布，无论是 HOMO 还是 LUMO，因此我们只展示化合物 3 的轨道分布。结果显示 HOMOs 主要定域在苯基咔唑基团上，b-环对其有微弱的贡献，并且 LUMOs 主要分布在二苯桥上。然而，随着 1~8 的 DP 桥上 N 原子数目和位置的变化，HOMO 和 LUMO 能级有显著的差异，这些差异有可能由很多因素造成，比如共轭效应、共振和静电诱导。对于体系 1、4~6 来说，不同的 HOMO 能级主要是由 PhCBZ 上不同的 b-环对 HOMO 的静电效应造成的，因为在体系 1、4~6 中，HOMO 没有分布在 b-环上。对于 2、3、7 和 8 来说，不同的 HOMO 能级取决于连接到咔唑上的 a-环的吸电子能力。然而，对于体系 1~8 来说，HOMO 能级是否可以从 -2.44 eV 变化到 -3.15 eV（表 5-4）则直接取决于 DP 桥上 a-环和 b-环上 N 原子的数目，而桥上 N 原子位点的影响则可以忽略，这可以从 2~5 中 LUMO 能级彼此接近，其能级值远小于化合物 1 而远大于化合物 8 的结果中得以论证。此外，体系 1~8 的 LUMO 能级在具有很好电子传输性质的 Alq3 的 LUMO 能级附近波动。同时，HOMO 能级（从 -5.64 到 -6.20 eV）同仅具有空穴传输性质的 mCP 的 HOMO 能级（-5.90 eV）的差值不大。这些特征表明 1~8 可以降低电子和空穴注入的能垒，进而降低器件的驱动电压。

表 5-4　体系 1~8 的 HOMO 和 LUMO 能级（E_H 和 E_L）、单三态绝热能（E_S/E_T）

单位：eV

化合物	E_H	E_L	E_{H-L}	E_S	E_T	ΔE_{ST}
1	-5.64	-2.44	3.20	3.36	3.20	0.16
2	-5.79	-2.68	3.11	3.25	3.19	0.06
3	-5.72	-2.69	3.03	3.08	2.77	0.31
4	-5.64	-2.75	2.89	3.12	2.85	0.27
5	-5.75	-2.72	3.03	3.15	2.91	0.24
6	-5.82	-2.92	2.90	3.03	2.90	0.30
7	-6.02	-2.98	3.04	2.99	2.89	0.22
8	-6.20	-3.15	3.05	3.00	2.96	0.04

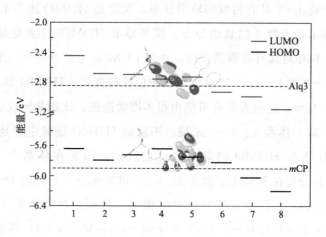

图 5-4 体系 1~8 的 HOMO 和 LUMO 的能级和分布

此外，基于 TD-PBE0 计算，我们研究了所有主体材料 S_1 态的能量和跃迁特征。列于图 5-5 中的结果表明：基于 S_0 和 S_1 几何时，所研究主体材料的 Frank-Condon-S_1 态的跃迁特征不发生改变，都是 HOMO 到 LUMO 的跃迁。因此，S_1 的特征由 HOMO 和 LUMO 的分布决定，同时 S_1 的能量同 HOMO-LUMO 能隙相关。体系 1~8 的 S_1 主要是从 PhCBZ 基团到类 DP 桥的电子跃迁，是一种分子内电荷转移（ICT）态，这导致了体系 1~8 均具有较低的垂直和绝热 S_1 能量（见表 5-5 和图 5-5），且我们最近的工作也得出了类似的结论[161]。

图 5-5 基于 S_1 几何的 S_1 垂直跃迁的密度差分图，
浅色和深色分别表示电子密度的减少和增多

表 5-5　分别基于 S_0 和 S_1 几何的 S_1 垂直跃迁属性和跃迁能　　单位：eV

化合物	态	S_0 几何		S_1 几何	
		$E(S_0 \rightarrow S_1)$	跃迁属性	$E(S_0 \rightarrow S_1)$	跃迁属性
1	S_1	3.49	HOMO→LUMO(99%)	2.93	HOMO→LUMO(98%)
2	S_1	3.38	HOMO→LUMO(98%)	2.85	HOMO→LUMO(96%)
3	S_1	3.29	HOMO→LUMO(99%)	2.61	HOMO→LUMO(98%)
4	S_1	3.18	HOMO→LUMO(99%)	2.80	HOMO→LUMO(99%)
5	S_1	3.33	HOMO→LUMO(99%)	2.73	HOMO→LUMO(98%)
6	S_1	3.20	HOMO→LUMO(99%)	2.63	HOMO→LUMO(98%)
7	S_1	3.28	HOMO→LUMO(98%)	2.31	HOMO→LUMO(98%)
8	S_1	3.29	HOMO→LUMO(98%)	1.89	HOMO→LUMO(98%)

5.3.2　三态能和 T_1 的跃迁特征

主体材料要求有高于客体材料的三态能，这是作为理想的主体材料的一个必要条件，可以有效地阻止能量从客体回流至主体材料中。所有参考体系和设计主体 1~8 的计算的和实验上的 T_1 能量值列于表 5-3 和表 5-4 中。从表 5-3 中可以看出，除了 mCP 和 FIr_6 之外，所有参考体系计算的 T_1 能量值都与实验值吻合的较好，由于不同工作中，对于不同的参考体系所采用的测量 T_1 能量值的条件和方法的不同，mCP 和 FIr_6 的计算值与实验值有一定的偏差（分别为 0.34 和 0.40eV）。但是对于体系 1~8 的同类体系来说，运用同样的方法进行预测，可能带来同等的误差，这样不会影响到相对能量值的估计。表 5-4 表明主体 1~8 的 T_1 能量值随着 DP 桥上 N 原子数目和位置的变化，从 3.20eV 降到 2.77eV。

由于三态能决定于三线态激子的分布，因此我们用 Mulliken 布局分析来表征三线态的未成对电子自旋密度分布的特征。如图 5-6 中所显示的，对于体系 1 和 2 来说，三线态激子主要定域在咔唑单元上，因此其 E_T 值（3.19~3.20eV）与咔唑的 E_T 值（3.18eV）很接近。相对来说，3~8 的三线态激子主要定域在他们各自的桥上，并且有来自咔唑单元的微量贡献，这使得 1 和 2 比起 3~8，有大的 E_T 值。对于 3~8 体系的三线态激子的局域问题可以通过 Cooper 等人[137]得出结论给予解释，他们指出：在不对称化合物中，三线态激子限定在最低能量的配体上。然而，尽管 1～8 具有相同的 DP 桥和咔唑 T_1 骨架，但是这个结论并不适合于 1 和 2。重要的是，我们怎么对两组主体材料间三线态激子分布的差异给出一个合理的解释？首先，我们研究了 1～8 的 T_1 的几何结构，并且很容易得出一个初步规律：对于 3～8，DP 桥和咔唑的 N 原子保留在 T_1 的一个平面上（从侧面看成一条直线），这有利于 DP 桥平面上的三线态激子离域到邻近的咔唑上。相对而言，1 和 2 分子的 DP 桥上的 a 和 b 环间存在一个角度，从而阻止了三线态激子的离域，因此，三线态激子被限定到咔唑单元上。由此可以得出：从 S_0 到 T_1，DP 桥明显的几何变形很显著地影响了 T_1 跃迁属性。

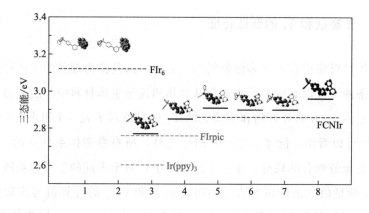

图 5-6　体系 1-7 的自旋密度（SD）图，主客体的绝热三态能
（基态与最低三重态能差）

非限制 DFT 计算的自旋密度分布尽管可以揭示三线态激子的定域，然而 TD-DFT 计算可以提供一个详细的激发态的多组态描述。对于存在主要跃迁贡献的激发态来说，跃迁本质和特征很容易被描述和可视化。然而，对于涉及均等贡献的多组态跃迁的激发态来说[175]，基于 TDDFT 计算的自然跃迁轨道方法（NTOs）[174]在分析激发态的跃迁特征方面则是一种有效的方法。需要注意的是，只有当每个 NTOs 对（空穴和电子）占到总跃迁的 90%以上时，NTO 分析才是可行的。这里，为了研究 DP 桥的改变对 T_1 跃

迁本质的影响，我们分别基于优化的 S_0 和 T_1 几何，对所有研究的体系进行 TDDFT 计算。表 5-6 列出了所有主体和客体 T_1 的跃迁本质和主要组成。对于涉及两个均等贡献的 T_1 来说，我们基于 TDDFT 用 NTOs 方法来实现 T_1 态 NTOs 空穴/电子对的可视化，如表 5-5 中显示。从表 5-6 与表 5-7 可以发现，当基于 S_0 几何时，体系 1~5 的 Frank-Condon（FC）T_1 态主要由 HOMO→LUMO 和 HOMO-2→LUMO 两种均等的跃迁组成，并且他们主要源于从 DP 桥/咔唑到 DP 桥的离域跃迁。6~8 的 FC-T_1 态主要源自 HOMO→LUMO 的跃迁，对应于 PhCBZ 到 DP 桥的 ICT 跃迁。然而，除了 3 和 4 在 S_0 几何下可以保持不变的 FC 态的跃迁特征以外，主体 1~2 和 5~8 在 T_1 几何下的 FC 态的跃迁特征发生了很大改变。特别对于 1 和 2 来说，T_1 几何下的 FC-T_1 态主要由从 HOMO 到 LUMO+1 的电子跃迁控制，而 HOMO 和 LUMO+1 这两个轨道恰恰都定域在咔唑单元上，这与 S_0 态几何下离域的 FC 态不同。此外，6 和 7 的 FC 态涉及两种均等跃迁，即 HOMO→LUMO 和 HOMO-2→LUMO，他们与从 DP 桥和咔唑到 DP 桥的跃迁相对应。基于 T_1 几何的 FC-T_1 态的相关轨道分布与前面模拟的自旋密度分布相一致（见图 5-7）。结果表明，DP 桥从 S_0 的一个平面到 T_1 的一个角度的几何变形对 T_1 跃迁的本质有重大影响，同时也可以得出：三线态激子并不总是定域在具有最低能量的子单元上，而是与不同单元间的连接模式也有很大关系，这在最近的工作中得到了类似的结论[161]。此外，对于参考的绿色/蓝色客体 Ir(ppy)$_3$、FIrpic、FCNIr 和 FIr$_6$ 来说，T_1 态主要源自 HOMO→LUMO 的跃迁。

表 5-6 分别基于 S_0 和 T_1 几何垂直跃迁三重态的跃迁属性和跃迁能　　单位：eV

化合物	S_0 几何		T_1 几何	
	$E(S_0→T_1)$	跃迁属性	$E(S_0→T_1)$	跃迁属性
1	3.12	HOMO→LUMO(26%) HOMO−2→LUMO(48%)	2.47	HOMO→LUMO+1(92%)
2	3.11	HOMO→LUMO(35%) HOMO−2→LUMO(39%)	2.46	HOMO→LUMO+1(92%)
3	2.90	HOMO→LUMO(54%) HOMO−2→LUMO(32%)	2.03	HOMO→LUMO(56%) HOMO−2→LUMO(40%)

续表

化合物	S₀ 几何		T₁ 几何	
	$E(S_0 \to T_1)$	跃迁属性	$E(S_0 \to T_1)$	跃迁属性
4	2.92	HOMO→LUMO(52%) HOMO−2→LUMO(35%)	2.12	HOMO→LUMO(44%) HOMO−2→LUMO(52%)
5	3.09	HOMO→LUMO(46%) HOMO−2→LUMO(23%)	1.98	HOMO→LUMO(24%) HOMO−2→LUMO(70%)
6	3.03	HOMO→LUMO(74%)	2.09	HOMO→LUMO(44%) HOMO−2→LUMO(44%)
7	3.00	HOMO→LUMO(87%)	2.26	HOMO→LUMO(26%) HOMO−2→LUMO(67%)
8	3.06	HOMO→LUMO(83%)	2.42	HOMO→LUMO(52%) HOMO−3→LUMO(28%)

表 5-7 基于 TD-DFT 计算的自然跃迁轨道（NTO）电子空穴对分布和跃迁概率 λ

化合物	基于 S₀ 态			基于 T₁ 态			
	NTO 空穴	NTO 电子	λ	几何	NTO 空穴	NTO 电子	λ
1			0.82				0.95
2			0.88				0.95
3			0.94				0.98
4			0.93				0.98
5			0.89				0.97
6			0.96				0.98
7			0.97				0.97
8			0.98				0.99

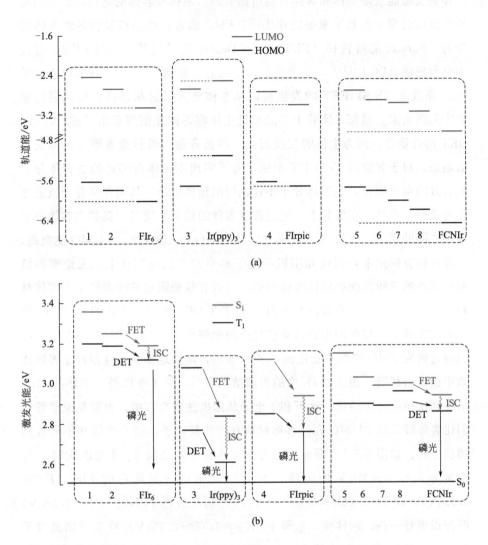

图 5-7 主客体 HOMO 和 LUMO 轨道能级(a) 与主客体最低单三态能 (b)

5.3.3 主体材料和磷光客体间能级匹配

正如上面所提到的，一个好的主体材料要求具有合适的 HOMO 和 LUMO 能级，并且 T_1 能量值应该高于客体材料。重要的是，由于 FMO 能级和激发态能量是主体和客体材料所固有的，主体和客体的选择在决定磷光器件发射机理方面起了重要的作用[176~178]。通常，很多机制会导致客体的发射：Förster 能量转移（FET）[113]，Dexter 能量转移（DET）[114]，直接的电荷捕获（DCT）[115]，或者它们几种的混合机制[178~181]。在实验上，单线态-单线态（S-S）FET 的发生可以从主体荧光发射和客体吸收光谱的重叠中判断出来。然而，实验上不能通过主体和客体光谱判断出三-三（T-T）DET 的可能性，因为主体的三线态是一种长寿命（微秒或者更多）非发射的暗态。对于有效的 T-TDET 来说，为了实现主客体在邻近的主客体分子上有效的电子耦合，主客体分子半径之间的距离应小，从而保证分子轨道之间的重叠。并且，在实验上，通过改变客体的掺杂浓度可以调整主客体分子半径之间的距离。DCT 要求主体比客体的 HOMO 能级低，LUMO 能级高，这样可以分别把来自阴极和阳极的电子和空穴阻挡在客体上。无论哪种机制，主体的三线态能都应比客体的高，可以有效地限定三线态激子在客体材料上。理论上，对于有效的 S-S FET 和 T-T DET 来说，主体的 S_1 和 T_1 能量要比客体高，如此的理论计算已经合理地解释了实验现象[118]。在此，我们通过研究 FMO 能级和稳定的 S_1/T_1 能量，定性地推断了这四种主客体体系中的发射机制。图 5-7(a) 中的带隙结果表明，除了 3 以外，主体的 HOMO 都比相应客体的低，这不利于电子从阳极注入空穴中，也就是说尽管他们比客体较低的 LUMO 允许客体材料直接捕获电子，磷光客体却不能直接捕获空穴。如图 5-7(b) 所示，当考虑主体和客体之间 T_1 能量匹配时，T_1 能量为 3.19~3.20eV 的主体 1 和 2 可能更适合深蓝色的 FIr$_6$（E_T=3.12eV），而 5~8（E_T=2.89~2.96eV）则与蓝色 FCNIr（E_T=2.86eV）匹配得更好一些。同样地，3 和 4（E_T=2.77~2.85eV）可能分别适合于绿光 Ir(ppy)$_3$ 和浅蓝光的 FIrpic（E_T=2.61~2.76eV）。需要指出的是，即使 1 和 2 可以选作天蓝色 FIrpic 的主体材料，在能量从主体转移到客体的过程中，1 和 2 较高的 E_T 值也可能导致主体 T_1 能量极大的损失。然后，我们转向研究每种主客体组合中 S_1 的能量，并尝试估计单-单（S-S）FET 的可能性。图 5-7(b) 每种组合中，主体相对客体较高的 S_1 能量表明 FET 是一种可能的发射机制，因此在这样的主-客体体系中，客体上单线态激子的形成主要源于主体分子上的单线态激子通过 S-S FET 来到客体上；客体上三线态激子的形成可能来源于两部分：主体分子的三线态激子通过 T-T DET 到达客体和客体的单线态激子通过系间窜越形成三线态激子。最终，客体上产生的所有三线态激子可能发生磷光发射，建立在这个事实基础上：主体材料较客体材料高的三线态能量能够有效地阻止能量从客体回流至主体材料中，并把三线态激子限定在发光层中。从主客体 S_1 能量匹配的角度来看，体系 2、6～8 的 S_1 能量比他们的参考客体高 0.05～0.09eV，这使得主客体之间刚好发生 S-S FET。相对来说，1、3～5 的基态激发到高能的 S_1 态需要一个较大的能量，此外，太大的能差（0.16～0.21eV）可能在 1、3～5 到 Ir(ppy)$_3$ 的 FET 过程中，发生较大的能量损失。因此，由于平衡的电荷注入性质和主客体之间 FET/DET 的匹配的 S_1/T_1 能量，体系 2、6～8 可作为潜在的深蓝色主体材料。总之，尽管别的因素如化学稳定性、客体的掺杂浓度以及所使用材料的降解度都与实用的 OLED 的效率和耐久性相关，但是为了寻找客体发光体中适合和高效的主体材料，主客体之间的有效可实现的能量转移（FET 和 DET）应考虑主客体之间 S_1 和 T_1 能量的匹配。

5.4 本章小结

在本章中，我们对一系列双极性主体材料的电子结构和性质进行了详细的理论研究，这一系列双极性主体材料主要结构是把 PO 基和咔唑基团分别通过对位和间位连接到类二苯桥的两个末端，通过改变桥上 N 的位置和数量调节其主体性能。结果表明 1～8 的 HOMO 和 LUMO 分别分布在 PhCBZ 和二苯桥上。所有体系的 LUMO 能级在具有优异电子传输性质的 Alq3 的 LUMO 能级附近波动，而 HOMO 能级则在广泛使用的空穴传输材料 mCP 的 HOMO 能级附近摆动，这表明 1～8 具有很好的空穴和电子注入能力。

S_1 态源自 HOMO→LUMO 的跃迁，因而具有 ICT 特征，决定了较小的 S_1 能量。T_1 态具有不同的跃迁特征，1 和 2 的三线态激子分布在咔唑单元上，而 3～8 三线态激子则分布在 DP 桥上。基于 UDFT 优化的 T_1 态的自旋密度和 NTOs 分析实现了可视化，进而解释了 1～8 的不同的激发态特征。从有效的 S-S FET/T-T DET 对主客体间 S_1/T_1 能量匹配的要求来看，具有不同 S_1/T_1 能量的主体 1～8 分别适合不同颜色的四种参考客体（绿色、深蓝光）。

总之，目前主体材料电子结构特征和性能的预测工作表明：在追求适合和高效的主体材料时，主客体间高效的能量转移（FET 和 DET）所需要的主客体间 S_1 和 T_1 能量的匹配是需要考虑的，虽然很多其他因素比如化学稳定性、客体的掺杂浓度和材料的降解都与实用 OLED 的效率和耐久性相关。

第 6 章

基于氧化膦基(三苯胺)芴的深蓝光主体材料的量化表征和设计

6.1 引言

通常,在主-客体(掺杂剂)体系中,很多机制可能导致客体发射:Förster 能量转移(FET)[113],Dexter 能量转移(DET)[114],直接的电荷捕获[115],或者它们的混合机制[179~181]。主客体的选择在决定发光机制方面具有重要的作用[176~178]。无论哪种发光机制,主体的三线态能量(T_1)应该比掺杂发光体的三线态能量高,这样可以阻止能量从客体回流至主体材料中,并可以将三线态激子限定在发光层中。许多实验研究表明能从主体到客体进行有效能量转移的 PhOLEDs 的外量子效率可以达到 20%~28%[45,72,82,112],明显高于主体三态能低于客体时客体至主体的能量回流带来的 PhOLEDs 的外量子效率 EQE(<10%)[176,177]。此外,为了获得高效的 PhOLEDs,好的主体材料需要满足基本的要求:①有利于从邻近有机层或者电极注入电子和空穴从而降低器件驱动电压的最高占据分子轨道(HOMO)和最低空置轨道(LUMO)能级;②电子-空穴重组过程中,好的平衡的电荷传输性质。事实上,达到这些条件的折中是很困难的,特别是对于蓝色 PhOLEDs,要求具有较宽 T_1 能量的主体($E_T \geqslant 2.75\text{eV}$)[68]。

最近,由于双极性主体材料能够平衡电荷的注入/传输/重组,在设计具有双极性性质的主体材料方面,实验上付出了很大的努力[34,35,37~43,93,182,183]。然而,所得的给-受体共轭结构可能导致被取代的发光核的三线态带隙有明显的降低[33~35,182,184]。为了解决这个问题,一种有效的设计分子的策略是用非共轭桥连接给体和受体基团,这不仅可以通过调节各自的 HOMO 和 LUMO 有效地改善电子/空穴注入和传输性质,同时,由于三线态激子定域在给体和受体基团上,较高的 T_1 能量也可以得以保持。由于咔唑(CBZ)和三苯基胺(TPA)衍生物具有足够高的 T_1 能量和好的空穴传输性质,因而它们被广泛用作蓝色 PhOLEDs 中的主体材料[33~35,68,87,133,185]。Sapochak 等人证实吸电子的 PO 基团能够改善电子注入和传输性质,并且能够保持发光核的较高的三线态带隙[87~89]。最近,一系列的磷氧 PO/苯基咔唑(PhCBZ)杂化(PO-PhCBZs)被合成出来,它们结合了 PO 和 CBZ

基团在主体材料中的优势，呈现出了作为蓝色 PhOLED 中双极性主体材料的高性能[37~43]。另一种双极性主体的构建形式，研究人员[29]合成的 2,7-二(二苯膦酰基)-9-[4-(N,N-二苯胺)苯基]-9-苯基芴（pPOAPF）是通过能有效打破 π-电子共轭性的 sp^3-杂化的芴上的 C9 原子来将给电子基团的 TPA 连接到受电子基团的 2,7-二（二苯膦酰基)-芴（pPODPF）上去。作者指出，由于 TPA 和 pPODPF 之间 π-电子的完全孤立，pPOAPF 具有较高的 T_1 能量。基于 pPOAPF 的 PhOLED 显示出了很好的性能，它的 EQE 高达 20.6% 和 36.7 lm·W^{-1}。重要的是，从实验结果中，我们注意到杂化 pPOAPF 的 T_1 能量与 pPODPF (2.76eV) 的很接近，而与 TPA 的 T_1 能量则相差较大。pPOAPF 的 HOMO 能级（-5.62eV）比客体 FIrpic（-5.62eV）的 HOMO 能级低，并且 pPODPF 的带隙可以保持 FIrpic 的带隙。然而，基于 pPOAPF 的器件的 EQE (20.6%) 是基于 pPODPF 的器件的 EQE (13.2%) 的二倍。因此，本工作是想通过量化手段试图来解释这些问题：①是受体片段 pPODPF 还是给体片段 TPA 主要决定杂化体 pPOAPF 的 T_1 能量？②什么因素导致了 pPOAPF 和 PODPF 器件的外量子效率的差异？是两种器件中的发光机制的不同还是主体 pPOAPF 和 PODPF 自身的性质？

同实验相比，量化计算的方法可以提供对主体材料电子结构与性质之间关系的深层次了解[83,144~146,186]。最近，我们报道了蓝色磷光双极性主体材料的 PO-PhCBZ 的理论研究，证实了 PO 通过不同模式连接到 PhCBZ 时会引起单重激发态 ICT 离域程度的变化，然而三线态定域在一个 CBZ 单元上，而这些因素分别对调节电荷注入性质和保持高的三线态能量是有利的[161]。

在目前的工作中，我们选择了 pPODPF 和 pPOAPF 作为研究体系，并设计了两种主体材料：3,6-二(二苯膦酰基)-芴（mPODPF）和 3,6-二(二苯膦酰基)-9-[4-(N,N-二苯胺)苯]-9-苯基芴（mPOAPF）用于比较。所研究的体系列于图 6-1 中。此外，我们选择 N,N'-二咔唑-3,5-苯（mCP）作为参考主体分子，以及 FIrpic 和 FCNIr 作为主客体体系中的参考客体。本工作研究目的是，通过量化计算来了解所有主体分子的电子结构和性质之间的关系，进而对实验上 pPOAPF 和 pPODPF 的报道结果进行合理化分析，并预测新设计的 mPOAPF 和 mPODPF 的主体性能。基于结论，我们期望构建能进行有效能量转移的主客体分子的合适的体系。

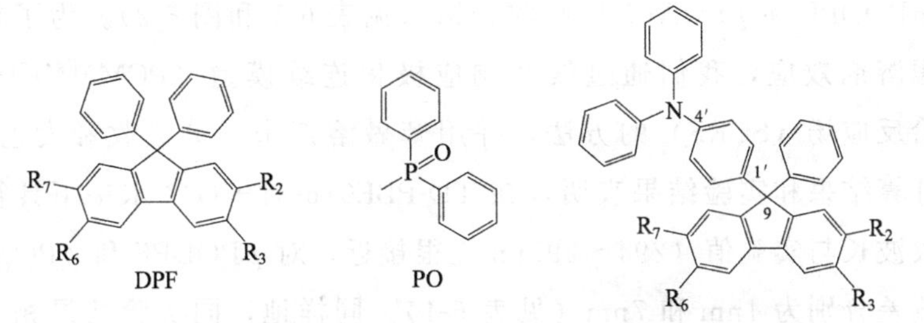

图 6-1 本工作研究体系的化学结构

DPF: (结构图)
PO: (结构图)
APF: $R_2=R_7=R_3=R_6=H$
pPODPF: $R_2=R_7=PO$, $R_3=R_6=H$
mPODPF: $R_3=R_6=PO$, $R_2=R_7=H$
pPOAPF: $R_2=R_7=PO$, $R_3=R_6=H$
mPODPF: $R_3=R_6=PO$, $R_2=R_7=H$

6.2 计算方法

这些研究体系中的所有的计算都是用 Gaussian 09 程序包进行的[156]。密度泛函理论（DFT）在精确计算多种的基态性质方面是非常成功的，它可以与前 Hartree-Fock 方法相媲美。同其他泛函相比，用 PBE0 杂化泛函计算的有机分子基态（S_0）结构与晶体几何更吻合[4,44,111]。因此，本工作所有主体和参考客体的 S_0 几何优化用 PBE0 泛函计算。自旋-未受限制的 PBE0（UPBE0）泛函用于得到 T_1 结构的稳定态。S_1 态稳定的几何是用 PBE0 泛函通过 TD-DFT 方法优化得到的。除了参考客体的 Ir 原子用 LANL2DZ 基组外，研究体系的所有几何优化计算都是用 6-31G* 基组进行的。绝热的 S_1 和 T_1 能量是基于 S_1、T_1 和 S_0 态的优化的结构通过 ΔSCF 方法计算得到的。

大量研究表明：尽管 TD-DFT 可以对大多数有机分子的激发态性质给出精确的结果，然而垂直激发态的 TD-DFT 能量强烈地依赖于所使用的 HF 交换的百分比。最近，我们在泛函和基组对垂直 S_1/T_1 跃迁的影响方面做了很多测试工作，结果证实 B3LYP 和 TPSSh 方法连同 6-31G** 基组适用于估算一系列基于 PhCBZ 的分子的垂直 S_1 和 T_1 能量[161]。在本工作中，我们用 B3LYP、TPSSh 和 PBE0 方法连同 6-31G** 基组通过 TD-DFT 计算模拟 pPODPF 和 pPOAPF 的吸收光谱（见表 6-1 和图 6-2）。为了在光谱中考虑溶剂效应，我们通过线性响应极化连续模型（PCM）[64,74,76,85]，用自洽反应场（SCRF）的方法，并用苯做溶剂来计算吸收和发射光谱。比较计算结果和实验结果表明，在 TD-PBE0/6-31+G** 水平下计算的最大吸收波长与实验值（294～295nm）很接近，对 pPODPF 和 pPOAPF 来说，偏差分别为 4nm 和 7nm（见表 6-1）。同样地，同实验结果相比，对客体 FIrpic 和 FCNIr 来说，尽管吸收光谱有微量的红移，TD-PBE0 显示出了类似的吸收光谱特征（见图 6-3）。此外，为了更好地了解 T_1 态的特征，我们基于优化的 S_0 和 T_1 几何，用 PBE0/6-31+G** 进行 TD-DFT 计算。对于 pPOAPF 来说，在 T_1 几何下的 Frank-Condon T_1 态涉及具有均等贡献的多个跃迁，基于 TDDFT 的自然跃迁轨道用 NTO 代替方法[174]被用于分析 T_1 跃迁特征。

表 6-1 采用 TDDFT 方法和 6-31+G** 基组计算所得 pPOAPF 和 pPODPF 在苯溶液中的吸收光谱，结合可参考的实验值

化合物	理论					实验
	TDDFT	激发状态(f_{max})	λ/nm	跃迁属性(CI coeff.)	轨道对称性	λ/nm
pPOAPF	B3LYP	$S_0 \to S_9$(0.65)	308	H-1→L(91%)	$\pi \to \pi^*$	294[1]
	TPSSh	$S_0 \to S_{12}$(0.21)	318	H→L+8(97%)	$\pi \to \pi^*$	—
	PBE0	$S_0 \to S_7$(0.68)	299	H-1→L(90%)	$\pi \to \pi^*$	—
pPODPF	B3LYP	$S_0 \to S_1$(0.65)	310	H→L(92%)	$\pi \to \pi^*$	295[1]
	TPSSh	$S_0 \to S_1$(0.51)	318	H→L(87%)	$\pi \to \pi^*$	—
	PBE0	$S_0 \to S_1$(0.72)	302	H→L(94%)	$\pi \to \pi^*$	—

吸收光谱可以用 S_0 几何下的垂直跃迁模拟，而发射光谱与吸收光谱不同，因为计算首先需要对目标激发态进行几何优化，并且很耗时，所以发射光谱很难模拟。Aittala 等人[187]用 BH&HLYP 泛函和类导筛选（COSMO）溶剂模型来计算实验上的荧光最大值和 Stokes 位移，Zhang 等人通过证实主体基团模拟的吸收光谱和客体基团模拟的发射光谱之间的重叠，用从头算和 DFT 的方法来合理化单聚体体系中白光的发射[9]。这里，基于 pPOAPF

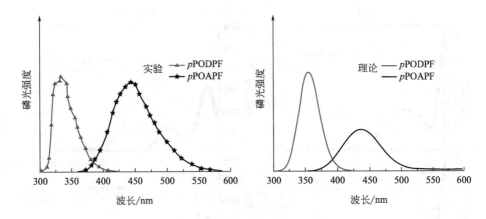

图 6-2　采用 TD-PBE0 方法和 6-31+G** 基组计算模拟所得的 pPOAPF 和 pPODPF 在苯溶液中的发射光谱，结合可参考的实验值

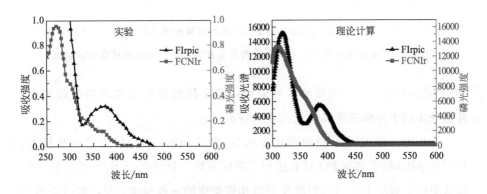

图 6-3　采用 TD-PBE0 方法和 6-31+G** 基组计算模拟 FIrpic 和 FCNIr 在甲苯和苯溶液中的吸收光谱，结合对应的可参考实验值

和 pPODPF 的 S_1 几何，我们用 PBE0/6-31+G** 来计算苯溶剂中他们的发射光谱，见图 6-3，发现模拟的发射光谱与实验结果一致。重要的是，主体发射和客体吸收光谱同实验光谱有相同的重叠特征（图 6-4）。这些结果证实，TD-PBE0/6-31+G** 方法在优化所有主体的 S_1 几何和模拟我们所研究体系的客体的吸收以及主体的发射光谱方面是可靠的。这样，我们用

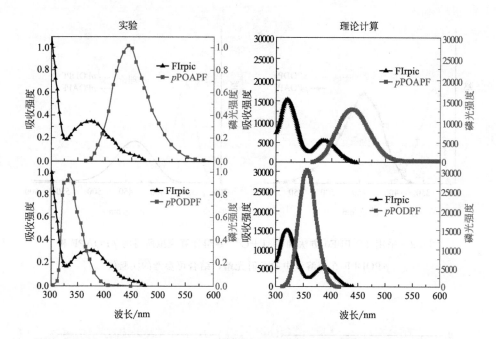

图 6-4 采用 TD-PBE0 方法和 6-31+G** 基组计算模拟 pPODPF/pPOAPF 和 FIrpic 分别在甲苯和苯溶液中的吸收和发射光谱,结合对应的可参考实验值

TD-PBE0/6-31+G** 来模拟所有研究体系主体的发射和客体的吸收光谱,并进一步用于分析主客体的光谱重叠特征。

为了深入探究哪种振动模式对从 S_0 到 T_1 的主要几何变形贡献最大,我们对 pPOAPF 和 mPOAPF 进行了黄昆分析。黄昆因子 S_v,是沿着正则模式坐标 v 对应于从基态到激发态的几何弛豫的一种量度[188],它可以被估计为:

$$S_v = \frac{E_{\text{rel}}^v}{h\nu_v} \quad (6\text{-}1)$$

式中,ν_v 是振动正则模式 v 的频率;E_{rel}^v 对应于沿 v 的晶格畸变的弛豫能。对应于垂直激发的总的弛豫能 E_{rel} 被定义成参与贡献的 E_{rel}^v 的所有活化正则模式的总和:

$$E_{\text{rel}} = \sum_v E_{\text{rel}}^v \quad (6\text{-}2)$$

6.3 结果与讨论

6.3.1 前线分子轨道和最低单线态

据我们所知,前线分子轨道很重要,因为它们与电子/空穴注入、吸收和发射的光物理性质直接相关。一个好的主体材料要求具备较高的 HOMO 和 LUMO 能级,这样可以降低从邻近层或者电极注入电荷的障碍,从而使器件的驱动电压降低。分子 FMOs 的能级依赖于 FMOs 的分布。所有研究主体的 FMOs 的等高线图和能级展示于图 6-5 中。结果表明,p/mPODPF 的 LUMOs 和 HOMOs 分布在 PODPF 基团上,这样,相应的轨道能级(LUMO 为 $-1.44\sim-1.10$eV,HOMO 为 $-6.38\sim-6.33$eV)很低,就能量角度有利于从邻近层或者电极注入电子或者阻挡空穴。相比来说,p/mPOAPFs 有高的 HOMO 能级($-5.21\sim-5.25$eV),这与 CPA 的 HOMO 能级值很接近,并高于蓝色 PhOLEDs 中广泛使用的主体传输材料 mCP 的 HOMO 能级值。这主要是因为它们的 HOMO 主要源自给体 TPA 的 HOMO 的贡献,而来自于受体 PODPF 的贡献则很小。并且 HOMO-1 和 LUMO 基本上分布来自于 p/mPODPF 基团的 HOMO 和 LUMO。正如所预期的一样,作为给体(TPA)和受体(p/mPODPF)组合的杂化的

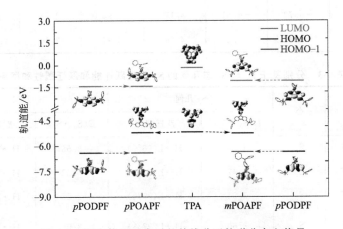

图 6-5 研究体系基态时的前线分子轨道分布和能量

p/mPOAPFs 可以结合分别具有电子和空穴注入性质的 TPA 和 p/mPODPF 基团的优势。

此外，基于 TD-PBE0 的计算，我们研究了所有主体 S_1 态的能量和跃迁特征，列于表 6-3 中。结果表明，所研究主体的 Frank-Condon S_1 态基于 S_0 和 S_1 几何的跃迁特征未发生改变，如 HOMO→LUMO 跃迁。与从 TPA 单元到芴基团的电子跃迁相关的 p/mPOAPFs 的 S_1 态是一种典型的 ICT 态。然而，对于 p/mPOAPFs 来说，S_1 态具有芴基团上定域 $\pi→\pi^*$ 的 $\pi\pi^*$ 的特征。此外，从表 6-2 到表 6-3，我们可以发现，p/mPOAPFs 的具有 ICT 特征的 S_1 态能量比 p/mPODPFs 的具有定域 $\pi\pi^*$ 特征的 S_1 态低，并且之前报道过类似的结果[161]。

表 6-2 HOMO 和 LUMO 计算值，绝热 S_1 和 T_1 能（E_S/E_T）和对比实验 E_T

单位：eV

化合物	HOMO	LUMO	ΔE_{H-L}	E_S	E_T	$E_{T(exp.)}$
TPA	−5.17	−0.18	4.99	—	3.21	3.04[188]
pPODPF	−6.38	−1.44	4.94	3.99	2.85	2.76[29]
pPOAPF	−5.21	−1.44	3.77	3.24	2.84	2.75[29]
mPODPF	−6.33	−1.10	5.23	4.37	2.97	—
mPOAPF	−5.25	−1.10	4.15	3.34	3.04	—
mCP	−5.45	−0.75	3.29	—	3.24	2.90[68]
FIrpic	−5.72	−1.61	4.11	2.94	2.76	2.65[68]
FCNIr	−6.46	−2.20	4.26	2.94	2.86	2.80[37,189]

表 6-3 分别基于 S_0 和 S_1 态几何的 S_1 垂直跃迁能和跃迁属性和概率

化合物	态	S_0 几何		S_1 几何	
		$E(S_0→S_1)$	跃迁属性	$E(S_0→S_1)$	跃迁属性
pPODPF	S_1	4.19	H→L(96%)	3.55	H→L(90%)
mPODPF	S_1	4.47	H→L(83%)	3.88	H→L(96%)
pPOAPF	S_1	3.54	H→L(99%)	2.53	H→L(99%)
mPOAPF	S_1	3.60	H→L(97%)	3.05	H→L(98%)

6.3.2 最低三态能及其跃迁属性

主体材料的三态能（E_T）需要高于客体材料的三态能，这是作为理想主体材料的一个最基本要求，出于两个目的：一是避免客体到主体的能量逆传；二是三态激子局域在发光层上。三态能的计算值和实验值列入表 6-3 中，结果显示计算值略高于实验值 0.2eV 左右，但总趋势与实验符合很好。从主客体三态能之间的匹配来看，具有 2.84~2.85eV 三态能的主体 pPOAPF 与 pPODPF 可能更加匹配浅蓝色客体 FIrpic（E_T=2.76eV），同时 mPOAPF 和 mPODPF（E_T=2.97 和 3.04eV）可能更加匹配深蓝光 FCNIr（E_T=2.86eV）。这个结果的得出主要是考虑到主体 mPOAPF 和 mPODPF 比 FIrpic 有太高的三态能，在主客体能量转移的过程中这可能会带来太大的能量损失，因此，并非主体的三态能比客体的越高越好。

因为三态能主要是由三态激子的分布情况决定的，因此我们计算了 Mulliken 电荷分布分析来表征三态时单电子分布情况。如图 6-6 所示，pPODPF 和 pPOAPF 的三线态激子主要局域在芴单元，因此它们的三态能较接近（2.84eV 和 2.85eV），这个结果与实验符合很好。而对于 mPODPF 和 mPOAPF 来说，三态能相差较大（0.07eV），这主要是由于不同的三态

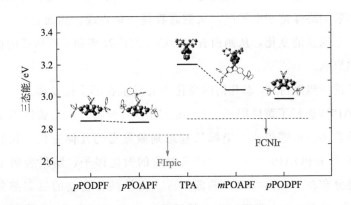

图 6-6 研究体系的自旋密度分布和绝热三态能 E_T（基态和最低三重态能量差）

激子分布所致，前者分布在芴上，而后者分布在三苯胺上，特别是连在芴上的那个苯环上。pPOAPF 上三态激子的分布可用 Cooper 课题组得出的结论做以解释：在不对称化合物中，三态激子被局域在最低能的单元上[137]。而且本结论并不适用于 mPOAPF，尽管这两个分子有相似的分子主体骨架（TPA 和芴）。难道是我们三态优化有问题？如果没问题，那我们如何解释 pPOAPF 和 mPOAPF 三态的差别？既然 PO 上本身并没有分布三态激子，那 PO 在芴上对位和间位的引入为什么会如此影响三态激子的分布？首先，为了确保 mPOAPF 三态几何的准确的模拟，我们重建三个不同的初始构型，并且选用自旋限制的 TD-PBE0 和常用的自旋非限制的 UDFT 来优化得到三重态几何，UDFT 包括 UO3LYP、UPBE0 和 UM062X（11.6%、25% 和 54% HF 交换）。图 6-7 表明 TD-DFT 计算所得优化的 T_1 态分布很强地依赖于选取初始构型的垂直 T_1 态属性。UO3LYP、UPBE0 和 UM062X 给出相似的结论：mPOAPF 上主体骨架发生弯曲的三态构型处于最低能，也就是相比于其他构型是最稳定构型。且在这个三态几何下，其自旋密度主要分布在 TPA 单元上（特别是连在芴上的苯环上）。这些结果证实了通过 UPBE0 计算方法所得到 T_1 几何优化和 T_1 跃迁属性预测的可靠性。然后我们又调查了 p/mPOAPFs 在基态和激发态平衡时的差异，图 6-8 展示了在基态和激发态时由 TPA 和芴构成的主体骨架的结构（由于 p/mPOAPF 三态激子主要分布在这个主体上）。结果表明从基态到激发态 pPOAPF 在主体骨架上没有发生明显的几何变化，因为 $C1'$-C9、$C4'$-N 键和芴上连有的苯环从前面看始终保持一个平面，从侧面看是一条直线。然而 mPOAPF 在主干上有一个明显的变化，从侧面看 $C1'$-C9、$C4'$-N 键和苯环所成的面从直线变成弯曲形状。

为了进一步探讨 T_1 态几何的变化主要发生在哪个振动模式上，我们对 p/mPOAPFs 进行了黄昆因子（Huang-Rhys）分析，因为黄昆因子可以作为度量沿着某一正则模式 v 坐标从基态到激发态的几何变化。我们调查了 pPOAPF 和 mPOAPF 所有振动模式对应的黄昆因子，结果表明主干上的振动主要分布在 $100cm^{-1}$ 以内的低频区。由于两化合物的三态都分布在主干上，因此在图 6-9 中我们只列出低于 $200cm^{-1}$ 的振模对应的黄昆因子。从图 6-9(a) 看出，在 mPOAPF 中具有"弯曲"振动特征的两振模 $1.60cm^{-1}$

第6章 基于氧化膦基(三苯胺)芴的深蓝光主体材料的量化表征和设计 | 111

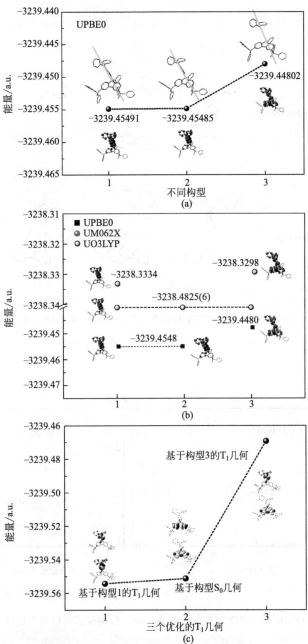

图 6-7 利用自旋非限制的 PBE0 泛函（UPBE0）进行优化计算，得到了三种不同初始构型的无虚频的 T_1 几何构型（构型 1-3）、对应的自旋密度分布和三态能量（a）和利用自旋非限制的 PBE0、O3LYP 和 M062X 泛函进行优化计算，得到不同初始构型下无虚频率的 T_1 几何图形，以及对应的 T_1 几何图形上的自旋密度分布和三重态能量（b）以及基于结构 1、3，采用 TD-PBE0 计算的三种优化 T_1 几何图形的能量和 S_0 几何图形、三个优化 T_1 几何基础上的 T_1 跃迁轨道的空穴电子对（c）

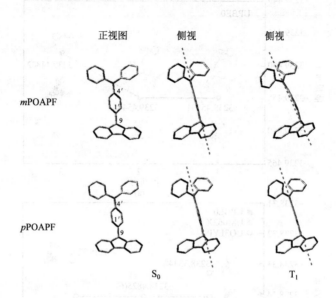

图 6-8 pPOAPF 和 mPOAPF 在基态和激发态的主干的结构。主干包括芴和三苯胺，同时省略了 PO 基团、芴 C9 位上的苯环和所有的氢原子

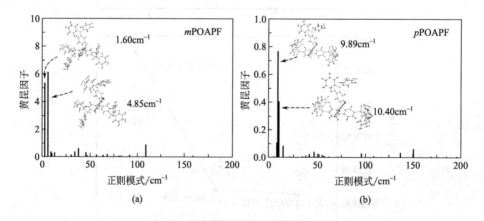

图 6-9 pPOAPF 和 mPOAPF 在低于 200cm^{-1} 振动模式对应的黄昆因子计算值

和 4.85cm^{-1} 主要带来主干的振动，其对应的黄昆因子（5.33 和 6.13）明显大于其他振动模对应的黄昆因子值（<1）。因此，对于 mPOAPF，T_1 的几何弛豫主要发生在这两个"弯曲"振模上。有趣的是，在这两个振模上，

尽管三态激子没有分布在 PO 的本身，但是咔唑两端 PO 的转动主要产生一种对主干的拉动作用，也就是说，对于从基态到激发态发生的明显的几何弛豫，PO 是有贡献的。相比而言，pPOAPF 的所有振模对应较大的黄昆因子却明显低于 mPOAPF 任何模式的黄昆因子［如图 6-9(b) 所示］且对应的模式（在 9.89cm^{-1} 和 10.40cm^{-1}）并没有类似的弯曲振动。此外，pPOAPF 在低频区上不明显的振动弛豫表明，pPOAPF 在 T_1 态有很好的刚性，这个特点进一步说明 pPOAPF 很适合做主体材料。

非限制性 DFT 计算所提供的自旋密度分布可以呈现出三态激子的局域情况，除此之外，TD-DFT 计算可以提供一个详细的激发态多组态描述。对于含有主要跃迁贡献的激发态，跃迁属性和特征很容易被描述和实现可视化，可是对于一个同时具备很多平均贡献的跃迁形式的激发态来说[175]，TDDFT 计算的 NTO 方法对于分子激发态是有效的。在此，为了探寻基于不同几何构型对激发态跃迁属性的影响，我们对所有研究体系分别基于优化的 S_0 和 T_1 的几何，进行了 TD-DFT 计算。表 6-4 列出了所有主客体 T_1 态的跃迁属性和成分，结果表明除 mPOAPF 之外，基于 S_0 和 T_1 的几何的 Frank-Condon T_1 跃迁属性并没有发生变化，即 p/mPODPFs 为 HOMO→LUMO 跃迁，pPOAPF 为 HOMO-1→LUMO 跃迁。有趣的是 pPOAPF 的 T_1 并不是 HOMO → LUMO 跃迁，类似的结果已经被报道[161]，p/mPODPFs 和 pPOAPF 的 T_1 跃迁中涉及所有轨道都分布在芴单元上（见图 6-10），这个结果与 Cooper 等人[137]得出的对于不对称分子来说三态激子优先局域在最低能配体上的结论是一致的。而具有 ICT 特征的 Frank-Condon 态主要源于的 HOMO→LUMO 跃迁对应于高水平三重态，即 T_4 和 T_2（分别对应 S_0 和 T_1 几何的垂直跃迁）（表 6-4）。相比而言，mPOAPF 分别基于 S_0 和 T_1 几何的 Frank-Condon T_1 的跃迁属性有明显的变化，当基于基态几何时，其 Frank-Condon T_1 与 pPOAPF 相似，都源于分布在芴上的 HOMO-1→LUMO 跃迁，然而当基于 T_1 几何时，Frank-Condon T_1 会涉及多个含有平均贡献的跃迁。因此，对于 mPOAPF 来说，我们采用了 NTO 方法分析 T_1 跃迁特征且发现电子空穴 NTO 对可以高于整个跃迁的 97%，可以确定 NTO 分析的合理性。NTO 计算表明 mPOAPF

的空穴和电子的 NTO 主要局域在 TPA 上而不是芴单元上，这与计算的自旋密度分布相一致（见图 6-6），而且进一步证实了从 S_0 到 T_1，mPOAPF 明显的几何变化很大程度上影响了 T_1 跃迁属性，也可以理解为是"三态激子被控制在 T_1 发生明显几何形变的区域"。因此，对于任何一个主体材料，只在 S_0 几何上做 TD-DFT 计算来分析其跃迁属性可能是不可取的方法。

表 6-4 研究的主体分子分别基于 S_0 和 T_1 几何的 TDDFT 计算所得的最低三重态的跃迁属性

化合物	态	基态 S_0		T_1 态	
		E_T/eV	跃迁属性	E_T/eV	跃迁属性
pPODPF	T_1	2.89	H→L(70%)	2.02	H→L(90%)
mPODPF	T_1	3.00	H→L(67%)	2.06	H→L(92%)
pPOAPF	T_1	2.85	H-1→L(85%)	2.15	H-1→L(82%),H→L(11%)
mPOAPF	T_1	2.98	H-1→L(63%)	2.38	H→L(30%),H→L+1(29%),H→L+2(17%)

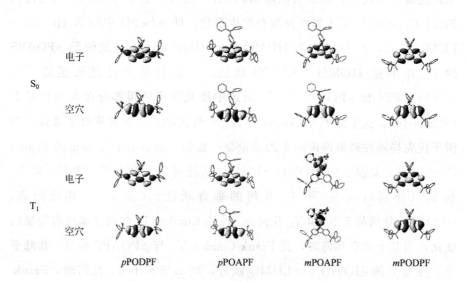

图 6-10 研究的主体分子分别基于 S_0 和 T_1 几何的 TDDFT 计算所得的最低三重态的 NTOs

6.3.3 主体材料和磷光客体的匹配

正如上面所示,一个好的主体材料本身要有合适的 HOMO 和 LUMO 能级和高于客体的三态能。重要的是,主客体合适的选择对磷光器件发光机理的确定起到了重要的作用,这是由于主客体固有的前线分子轨道能和激发态能。直接的电荷捕获要求主体材料要有低的 HOMO 和高的 LUMO 能级把分别来自阳极和阴极的空穴和电子阻挡在客体材料上,复合形成激子进而发光。此外,有效的 FET 要求主体材料比客体材料有高的 S_1 能量和有效的主体发射客体吸收的光谱重叠。另一方面,对有效的 DET,除了要有高于客体的三态能以外,还要求主客体分子半径的小距离,以确保轨道重叠来实现邻近主客体之间的电子耦合。需要注意的是,电子耦合主要依赖主客体分子距离,而这个距离又恰恰是通过改变实验的掺杂浓度来调节。

在此,我们定性地预测了四组主客体可能的发光机理,通过调查 FMO 能级、稳定 S_1/T_1 能和主体发射和客体吸收的光谱重叠。从图 6-11(a) 的 FMO 可以看出,除 pPODPF 以外的主体材料都有比参考客体高的 HOMO 能级,这并不利于把阳极的空穴阻挡在客体上,这表明 pPODPF 在客体上直接空穴捕获的不可能。另外,pPODPF 的能隙恰恰含有 FIrpic 能隙,这表明 pPODPF 可以被用作阻挡电荷,使得直接的电荷捕获在客体材料发生。然后我们又计算了每组主客体的 S_1 和 T_1 能量,同时模拟了主体发射和客体吸收光谱。正如图 6-11(b),所有主体的 S_1 和 T_1 能量高于客体的能量。另一方面,对于这四组主客体系统,主体发射和客体吸收光谱呈现出不同程度的重叠(见图 6-12),这些结果暗示了主客体之间可以发生的 FET 和 DET 可作为主要的可能的发光机理。因此,在这样的主客体系统中,客体上产生的所有的三态激子主要来源于两个渠道:主体的三态激子经过 DET 到达客体和客体的单线态通过系间窜越形成三线态激子。最后,由于主体三态能高于客体三态能,所以客体上的三线态激子几乎不存在能量逆传,都经历辐射跃迁,即磷光发射。同时这些论据为实验结果"主客体之间由于存在主体发射和客体吸收的光谱重叠,因此得出从 pPOAPF 到 FIrpic 存在 FET 能量转移"提供了理论支撑。

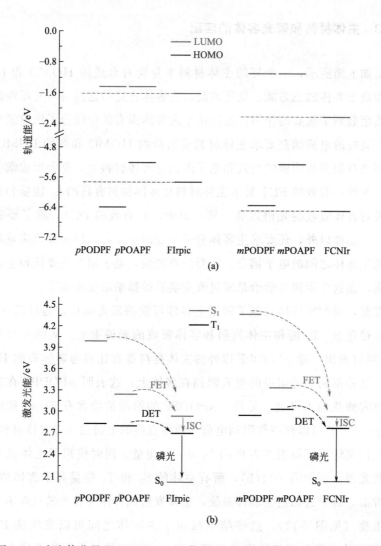

图 6-11 主客体分子 HOMO/LUMO 能级（a）和主客体分子单三态能（b）

为了估计磷光 OLED 可能的影响因素，我们初步调查了主体发射与客体吸收之间的光谱重叠和每一组主客体系统的 S_1 的相对值。图 6-12 说明了 pPODPF-FIrpic 系统的主体发射和客体吸收光谱之间的重叠程度要明显强于 pPOAPF-FIrpic 系统，该结果与实验结果很好地吻合。然而考虑到实验结果，基于 pPOAPF 器件的外量子效率（20.6%）要明显高于 pPODPF 的

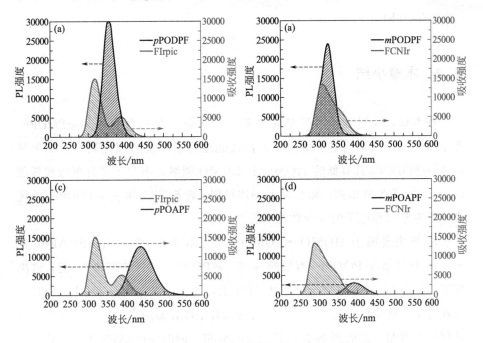

图 6-12 四组主客体的主体发射客体吸收光谱

器件（13.2%），因此我们会想到推测出可能是其他因素主要影响外量子效率。主客体分子半径的长度和邻近主客体分子之间电子耦合程度可能是两个影响因素。此外，在 pPOAPF-FIrpic 系统中，pPOAPF 比 FIrpic 有略高的 S_1 能（0.30eV），正好发生主体到客体的 FET 能量转移，而在 pPODPF 和 FIrpic 中基态的 pPODPF 需要很高的能量被激发成 S_1 态；再者，主体比客体更高的 S_1 能会导致主体 pPODPF 到 FIrpic 的 FET 过程中产生大的能量损失。另外伴随有直接的电荷捕获除需要高的启动之外，可能作为与其他两种发光机制相竞争的机制，影响了 pPODPF-FIrpic 的外量子效率。重要的是，带推拉电子基团的 pPOAPF 可以实现平衡的电荷注入和传输，这是仅带有电子注入和传输性能的 pPODPF 所做不到的。同样地，对于 mPODPF 来说，所具有的单极性电子注入能力和 mPODPF 与 FCNIr 之间高的 S_1 能差（1.43eV）可能会是电致磷光效率的负面影响。而具有相同推拉电子基团的 mPOAPF，由于其平衡的电荷注入能力，与深蓝光 FCNIr 存在小的 S_1

态能差（0.40eV），使它在深蓝光磷光 OLED 中可能会呈现出好的主体性能［见图 6-11(b)］。

6.4　本章小结

在本章，我们对一系列氧化膦基（三苯胺）芴化合物（p/mPODPFs 和 p/mPOAPFs）的电子结构和主体性能进行了系统的理论研究。结果显示 p/mPODPFs 具有低的 HOMO 和 LUMO 能级，有利于来自电极或邻层的电子注入和空穴阻挡。而杂化 p/mPOAPFs 兼备 TPA 和 p/mPODPFs 的优点，具有空穴和电子的双极性注入能力。

S_1 态主要源于 HOMO→LUMO 跃迁，ICT-S_1 特征 p/mPOAPFs 比 $\pi\pi^*$ S_1 特征 p/mPODPFs 有低的 S_1 能。mPOAPF 具有最高的 T_1 能，这决定于 mPOAPF 的三态激子分布在 TPA 上，而 p/mPODPFs 和 pPOAPF 分布在芴上。这恰恰因为 PO 连接芴的对位对主体骨架的产生拉动，使其三态几何发生弯曲，进而影响了三态激子的分布。同时 pPOAPF 的 T_1 显示出很高的刚性。

从主客体之间发生有效 DET 和 FET 需要满足的主客体单三态能级匹配来看，pPOAPF 和 pPODPF 适合于浅蓝光 FIrpic，而 mPOAPF 和 mPODPF 可能更匹配深蓝光 FCNIr。杂化 p/mPOAPFs 比 p/mPODPFs 呈现出更好的主体性能。

总之，电子结构表征、主体性能预测以及主客体发光机理的预测暗示：为了追寻高效的主体材料，主客体之间 S_1 与 T_1 能级的匹配情况以及主体发射客体吸收的光谱能否重叠是作为预测 FET 和 DET 能否有效实现的两个重要的因素。

第7章

1,4-BN杂环对[6]CPPs的三态能、激子分布以及芳香性的调控机制研究

7.1 引言

近年来，有许多关于环形对苯撑（CPP）的综合研究，如原子结构（即几何、环张力、芳香性和醌型特征）[190~193]、光物理性质[194~200]以及选择性合成[201~203]和光学特性等方面在实验[204~206]和理论上的研究[207~210]。研究表明大多数 CPP 的性能非常依赖 CPP 环的尺寸（小环、大环、奇数还是偶数碳）[205,211~213]，小环 [nICPP(n=5 或 6) 有明显的醌式结构[191]且电子在整个环上离域，这非常有利于 CPP 环上的电子的转移和光激发，进而有效实现低带隙材料。

然而小环 [n]CPP 已被证实不适用于作为发光材料，基于以下原因：①由于窄带隙的小环理论上预测发射光谱在近红外区域，然而实验上无法观察得到[207]。②理论计算表明由于分子结构的高度对称性使得最低激发单线态（S_1）的跃迁是光学禁阻的，并且跃迁密度矩阵均匀地分布在环的周边[197]。③荧光量子产率（Φ）随着环尺寸的变化显著变化，尤其是[6]CPP 的荧光量子产率（Φ）为 0.0，表明单线态主要以非辐射跃迁失活，回到基态[196,214]。相比于小环 CPP，大环 [n]CPP(n=9~16) 的荧光量子产率（Φ）达到 0.30~0.90，是好的发光体，并且发射峰值随着环的增大，有明显的蓝移[194,202,215]。这主要由于电子-声子耦合带来的最低激发态的自陷入导致大环上 100fs 之内的空间局域跃迁的形成[196]。这启发我们探究对于大环 CPP 的 T_1 是否同样存在类似的激子的定域情况，并且三态能是否随着 CPP 环尺寸的增大而增加。如果是这样，具有高三态能的大环 CPP 是否可以作为磷光 OLED 的主体材料？的确，对于大环 [n]CPP(n=9~12) 上，三态激子被证实是定域在几个苯基环上，同时从 [9]CPP 到 [12]CPP，三态能（E_T）从 1.96 到 2.10eV 缓慢地增加[190,206]。然而超低的 E_T 不能满足主体材料最基本的要求，因为主体的 E_T 必须高于磷光材料的 E_T，以防止能量从客体回流到主体上[48,161,216]。这可能是[n]CPP 及其衍生物迄今为止尚未作为主体材料被研究的主要原因。那么是否可以通过在固定 CPP 骨架上进行有效的化学修饰来构建高三态能量的主体材料？已有工作证实在

[8]CPP 环中掺杂氮或者增加氮含量对最高占据分子轨道（HOMOs）和最低未占据分子轨道（LUMOs）的分布和能级的影响不大。此外，推拉电子基团掺杂到纳米环中可以有效减少 HOMO-LUMO 能差[198,217,218]。这些结论表明这些掺杂方式不利于增加主体材料的 E_T。基于这些结果，我们初步猜想具有高 E_T 的分子可能具有三态激子的定域分布，同时 E_T 应该对三态激子所在的化学基团很敏感。为了满足这一要求，电子密度首先应该不对称分布在 CPP 环。如何在 CPP 框架进行化学改性才能有效地打破 CPP 环的对称性进而实现其宽带隙，是本工作需要解决的问题。

用 B-N 单元（作为 C-C 单元的等电子体）来取代苯中一个 C-C 单元可产生三个 mono-BN 取代苯（简称 1,2-BN、1,3-BN 和 1,4-BN），如图 7-1 所示。与母体苯相比，新生成的 BN-六环杂环在不同程度上减少了芳香性[219]，这源于 B-N 之间不同的电负性和成键能力带来的 B-N 单元的偶极特性可能显著改变了苯环 π 电子性质和分子内相互作用[220,221]。BN/CC 等电子异构化特性已成为一种备受关注的化学改性战略，在相关生物医学研究和光电子材料领域中极大地拓展了化合物的化学空间[222~228]。

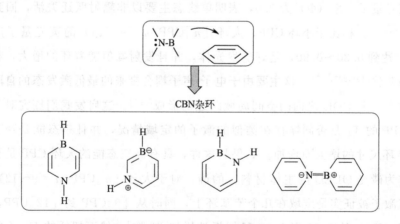

图 7-1 一 BN 单元取代芳杂环的四种形式

这个结论启发我们探寻：BN 六元杂环取代纳米环中的苯能否引起纳米环上电子云的不对称分布，进而有利于三态激子局域分布在 CPP 环的一侧？当考虑到大 [n]CPP($n>8$) 或 [$n=$奇数]CPP 本身有三态激子的定域分布，为了排除这些因素的干扰，因此我们选择小的并且是偶数 CPP（即 [6] CPP）的几何骨架作为研究对象，固定框架并构造五种可能的 BN 取代模式。这五种 BN 的构造方式是通过在一个苯环中或者在 [6]CPP 苯环之间相邻的桥梁上引入一个 B-N 单元，如图 7-2 所示。我们研究了母体 [6]CPP 的三重态特性并且结果表明 E_T 值为 1.55eV，三态激子对称地离域在 [6]CPP 环上，如图 7-3 所示。随后通过判断哪些模式可以有效地限制三线态激子在 [6]CPP 环的一侧，进而提高 [6]CPP 的三态能。我们筛选出最优的 BN-取代模式作为我们实际设计 BN-[6]CPPs 的起点，该理论计算是运用量子化学 DFT/TD-DFT 方法来实现的。

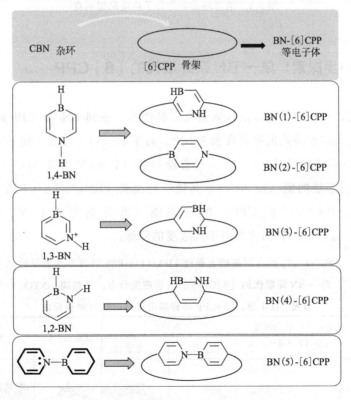

图 7-2 BN 杂环在 [6]CPP 中的取代模式

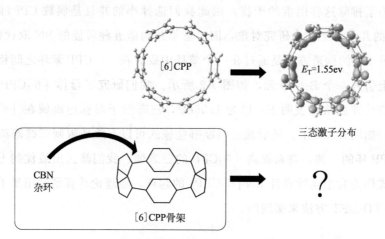

图 7-3 纳米环掺杂的分子构造思想示意

7.2 初步探索：单一 BN 杂环取代的 [6]CPP

在此，我们开始初步的探索研究。具体的一系列 BN-[6]CPP 体系和三态电子性质的相关数据被列在表 7-1 中。对于 BN(1)-[6]CPP 和 BN(2)-[6]CPP（1,4-BN 取代 [6]CPP），三态能的值（1.66eV 和 1.67eV）略高于 [6]CPP 三态能的值（1.55eV）。其他三种模式（BN(3)-[6]CPP、BN(4)-[6]CPP、BN(5)-[6]CPP）的三态能（值分别为 1.47eV、1.36eV、0.55eV）与 [6]CPP 相比均有不同程度的降低。

表 7-1 T_1 态几何基础上通过 TDA/LC-ωPBE 计算方法所得的单一 BN 环取代的 [6]CPPs 的自旋密度分布、三态能、NTOs 以及 TDM 图。[6]CPP 环骨架沿着顺时针方向被标注

化合物	E_{T_1}/eV	自旋密度 (isoval=0.005)	NTO 空穴	NTO 电子	几何(标注)	TDM
[6]CPP	1.55					

续表

化合物	E_{T_1} /eV	自旋密度	NTO 空穴	NTO 电子	几何(标注)	TDM
BN(1)-[6]CPP	1.67					
BN(2)-[6]CPP	1.66					
BN(3)-[6]CPP	1.47					
BN(4)-[6]CPP	1.36					
BN(5)-[6]CPP	0.55					

考虑到 E_T 主要受三重态波函数分布的影响，我们进行了 Mulliken 电荷分析，以表征三重态中未配对电子的自旋密度分布（即，三态激子的分布）。正如所料，表 7-1 显示所有 mono-BN-[6]CPP 体系的三态激子均不对称地分布在纳米环的一侧。主要区别在于 BN(1)-[6]CPP 和 BN(2)-[6]CPP (1,4-BN 取代的 [6]CPP) 的三态激子主要定域在对五联苯基部分，而对于其他的三种模式 BN(3)-[6]CPP 到 BN(5)-[6]CPP，三态激子主要分布在 BN 杂环和相邻的苯部分。这些结果表明：T_1 激子的定位并不总是有助于

E_T 的增加，而 E_T 值很大程度上取决于三态激子的定域位置。例如，从三态激子的分布来看，BN(4)-[6]CPP 和 BN(5)-[6]C 彼此相似，但 E_T 差异很大。

  自旋密度分布可以阐明三态激子的最终分布，而无法提供激发态形成的详细描述。为了探究在 CPP 环上不同 mono-BN 取代模式对 T_1 态跃迁性质的影响，我们在优化 T_1 几何的基础上，对所有的 mono-BN-[6]CPP 系统进行了 TD-DFT 计算。在表 7-2 中收集了三重态跃迁性质和主要成分。在 TDA-DFT 计算的基础上，采用自然跃迁轨道（NTOs）[174]方法实现空穴和电子的可视化。此外，还分析了跃迁密度矩阵（TDM）[229,230]，以研究电子跃迁的空间跨度和主要位置。如表 7-1 所示，[6]CPP 的 T_1 激发被识别为每两个相邻苯环之间的碳原子发生局域跃迁（LT），相干性强。BN(1)-[6]CPP 和 BN(2)-[6]CPP 的跃迁表明，LT 发生在弯曲的五联苯基部分（环 2-6）内，而 1,4-偶氮苯环（环 1）的贡献很小。而 BN(3)-[6]CPP 在 1,2-BN(环 2)和靠近 BN 原子一侧邻近的苯（环 3）之间存在明显的 LT。

表 7-2 T_1 态几何基础上通过 TDA/LC-ωPBE/6-31G* 计算方法所得的三重态跃迁轨道贡献

化合物	ω/Bohr^{-1}	三线态跃迁属性（主要贡献）
[8]CPP	0.392	M160→M161 (74.20%)
[6]CPP	0.211	M120→M121 (77.40%)
BN(1)-[6]CPP	0.194	M120→M121 (83.72%)
BN(2)-[6]CPP	0.202	M120→M121 (85.73%)
BN(3)-[6]CPP	0.203	M120→M121 (92.71%)
BN(4)-[6]CPP	0.197	M120→M121 (84.74%)
BN(5)-[6]CPP	0.171	M120→M121 (91.91%)

  BN(4)-[6]CPP 的 T_1 跃迁反映的是发生在 1,2-BN(环 3) 和两个相邻苯（环 2 和 4）的 LT 模式，一种 1,2-BN 与远距离苯（环 1 和 5）之间的弱相关。与上述结果对比，BN(5)-[6]CPP 的 T_1 跃迁存在一个明显的电荷转

移（CT）特征，这种跃迁模式使得 E_T 明显地减少为 0.55eV，与其他 mono-BN[6]CPP 体系相比很悬殊，这可以归因于两个相邻的苯（环 3 和 4）之间的两个接触点所在的位置 B-N 键的 B 原子和 N 原子之间的电负性差异很大，明显地将 [6]CPP 环极化成两部分（供体：B-杂环体和受体：N-杂环体）。因此，BN(5)-[6]CPP 中的 BN-取代模式不能用于下面的分子设计。下面的分析仅适用于 B-N 杂环取代的 [6]CPP 系统。

为了解释固定的 [6]CPP 框架中不同的 BN 杂环取代对 B-N 杂环-[6]CPPs 的 T_1 跃迁性质的不同影响，我们分析了分子轨道（MOs）对空穴和电子 NTOs 的贡献。结果表明，四种异构 BN-[6]CPPs 体系中，对空穴和电子的贡献（NTOs 对）分别来自第 120 和第 121 轨道。

然后，我们对四个异构的 [6]CPPs 体系进行了分子轨道相关分析（MOC），以展示每个片段的分子轨道对整个分子轨道的贡献。图 7-4 所示

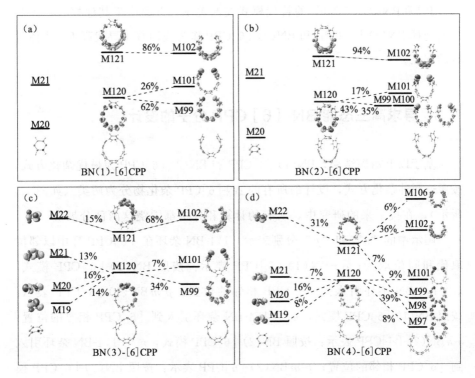

图 7-4 单一 BN 环取代 [6] CPP 体系的分子轨道相关图

的四种异构 BN-[6]CPP 体系可分为片段 I（BN 六元环）和片段 II（弯曲的五联苯基片段）。MOC 图显示：在 BN(1)-[6]CPP 和 BN(2)-[6]CPP 中，对 MO120 和 MO121 的贡献主要来自于弯曲的五联苯基部分。然而，对于 BN(3)-[6]CPP 或 BN(4)-[6]CPP 而言，BN 环和弯曲的五联苯基同等程度地贡献于 MO120 和 MO121。

通过上述分析，可以得出结论：在 [6]CPP 中 1,2-BN 或 1,3-BN 的引入使得 BN 片段和弯曲五联苯之间产生一个强的电子耦合，同时三线态激子自陷入在电子耦合部分，进而 E_T 低于 [6]CPP。由于 1,2-BN、1,3-BN 与弯曲的五苯基之间的强电子耦合导致 E_T 值降低，进而可以推断 E_T 值随 [6]CPP 环中的 1,2-BN、1,3-BN 环的增加而降低。因此，BN(3)-[6]CPP 和 BN(4)-[6]CPP 中的 BN-取代模式也并不适用于以下分子设计。相比，在 [6]CPP 中引入 1,4-BN 可以有效地阻止整个环上的电子离域化，将三重态激子限制在弯曲的五苯基中，从而进一步有效地提高 E_T 值。因此，BN(1)-[6]CPP 和 BN(2)-[6]CPP 的替代模式在改善 E_T 方面优于其他模式，因此我们选择 BN(1)-[6]CPP 和 BN(2)-[6]CPP 作为我们真正寻找高 E_T 主体材料的起点。

7.3　寻求高三态能 BN-[6]CPP 分子的设计

基于以上初探结果，BN(1)-[6]CPP 和 BN(2)-[6]CPP 为最优杂化方式，按照这两种杂化方式，设计的所有的 BN-[6]CPP 杂化物分为两类（如图 7-5 所示），在接下来的研究中，所有的计算和分析都围绕这两部分展开。

图示中的 "o" 和 "p" 分别表示：1,4-BN 杂环在 [6]CPP 环中以邻位取代和间位取代；o-nBN(1)-[6]CPP 表示：按照 BN(1)-[6]CPP 模式，n 个 1,4-BN 杂环引入到 [6]CPP 相邻的位置；p-mBN(1)-[6]CPP 表示：按照 BN(1)-[6]CPP 模式，n 个 1,4-BN 杂环引入到 [6]CPP 相对的位置；o-nBN(2)-[6]CPP 表示：按照 BN(2)-[6]CPP 模式，n 个 1,4-BN 杂环引入到 [6]CPP 相邻的位置；p-mBN(2)-[6]CPP 表示：按照 BN(2)-[6]CPP 模式，n 个 1,4-BN 杂环引入到 [6]CPP 相对的位置。

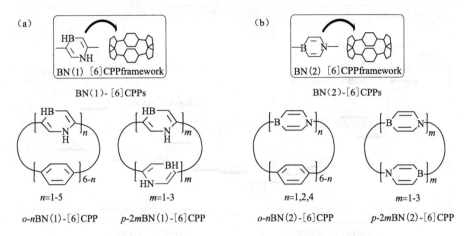

图 7-5　BN(1) 模式取代 [6]CPP 环的邻位和对位所得的一系列 BN(1)-[6]CPPs(a) 和 BN(2) 模式取代 [6]CPP 环的邻位和对位所得的一系列 BN(2)-[6]CPPs (b)

7.3.1　三态能

作为理想的主体材料一个最基本的要求是：磷光主体材料的三态能要高于磷光客体材料的三态能。以母体分子 [6]CPP 作为参考对象，本工作调查了 [6]CPP 环上 1,4-BN 杂环的不同的取代模式和数目对三态能和三态激子的分布的影响，BN(1)-[6]CPP 和 BN(2)-[6]CPP 的三重态结果分别显示在图 7-6 的右侧和左侧位置。

图 7-6 右侧显示：无论是间位取代还是对位取代，随着 1,4-BN 杂环数目的增加，三态能都出现了稳定的增长趋势。从母体分子 [6]CPP 到 o-nBN(1)-[6]CPP($n=1\sim5$)，每增加一个 1,4-BN 取代杂环，E_T 值稳步增加 0.07eV。对于 p-2BN(1)-[6]CPP 和 p-4BN(1)-[6]CPP（在 [6]CPP 中，1,4-BN 杂环位于对位取代位置），p-2BN(1)-[6]CPP 的 E_T 值比同分异构体 o-2BN(1)-[6]CPP 的 E_T 值高 0.43eV；同样，p-4BN(1)-[6]CPP 的 E_T 值比同分异构体 o-4BN(1)-[6]CPP 的 E_T 值高 0.77eV。图 7-6 左侧中 BN(2)-[6]CPP 衍生物的三态能显示了同样的变化趋势，但从增加的程度来看：BN(2)-[6]CPP 的杂化物的 E_T 值的增加程度明显高于 BN(1)-[6]CPP

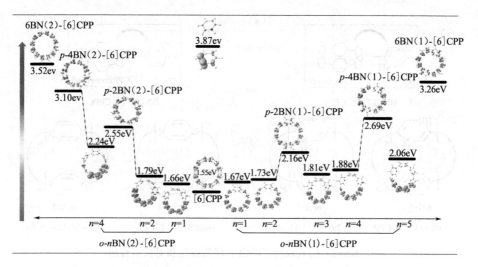

图 7-6　BN-[6]CPPs 体系的三态能的变化趋势
以及对应的自旋密度分布

的 E_T 值的增加程度。总体来看，在 [6]CPP 的对位要比在邻位引入 1,4-BN 杂环更有利于提高 E_T。另外，对位取代的 BN-[6]CPP 衍生物，E_T 值是从 2.16 到 3.52eV。

三态激子分布情况有利于解释所有 BN-[6]CPP 衍生物 E_T 变化趋势。图 7-6 三态激子分布表明：对于 o-nBN-[6]CPPs（o-nBN(1)-[6]CPP 和 o-nBN(2)-[6]CPP），三态激子定域在弯曲的联苯基团上，当 1,4-BN 杂环取代的数目增加时，位于弯曲的苯环单元上的三态激子局域面积逐渐缩小，E_T 逐渐增加；与之相反，p-$2m$BN-[6]CPPs（$m=1\sim3$）的三态激子是离域在整个 [6]CPP 环上，1,4-BN 杂环上自旋密度有所下降。特别是对于 p-$2m$BN(1)-[6]CPPs 环上（$m=1\sim3$），B 原子对三态激子的分布几乎没有贡献，而 p-$2m$BN(2)-[6]CPPs 的三态激子分布在整个分子环上，特别是对于 6BN(2)-[6]CPP，其三态激子均匀地分布在整个分子环上。此外，如图 7-7 表明：无论是 o-2BN-[6]CPP 还是 p-2BN-[6]CPPs，基态到三重态的键长变化也明显地体现了这种局域和离域情况。对于 o-2BN(1)-[6]CPPs，基态到三重态的键长变化主要集中在弯曲的联苯上，而 1,4-BN 杂环几乎没有变化（黑色柱状图表示），然而 p-2BN(2)-[6]CPPs 的键长变化呈现在整个环上，图 7-7(b) 呈现出类似的结果。

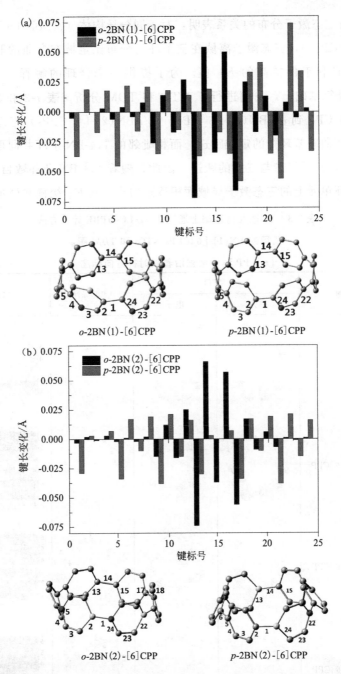

图 7-7　o-2BN(2)-[6]CPP 和 p-2BN(2)-[6]CPP 从基态到激发态的对应的键长变化
原子标记的序号如图所示

E_T 与三态激子分布的关系表明：对于同分异构体（p-2BN-[6]CPPs 和 o-2BN-[6]CPPs），三态激子离域在整个环的分布比定域在弯曲的联苯单元的分布更有利于保持高的 E_T 值。为了提供一个合理的解释，在 TDA-DFT[231] 计算基础上，我们进行了 NTO 和 TDM 分析。表 7-3 和表 7-4 显示：从 [6]CPP 到 o-nBN(1)-[6]CPPs（o-nBN(2)-[6]CPPs）三态的形成都反映了弯曲联苯环内的定域跃迁，而相毗邻的 1,4-BN 杂环共同形成了一个"缺陷"，几乎不参与三态的跃迁。因此，随着 1,4-BN 杂环数目的增加，弯曲的苯环单元上的三态激子局域面积逐渐缩小，其 E_T 缓慢并稳步增加。

表 7-3　T_1 态几何基础上通过 TDA/LC-ωPBE 计算方法所得的 BN(1)-[6]CPPs NTOs 和 TDM 图。[6]CPP 环骨架被沿着顺时针方向标注

化合物	NTO		几何（标注）	TDM
	空穴	电子		
o-2BN(1)-[6]CPP				
o-3BN(1)-[6]CPP				
o-4BN(1)-[6]CPP				
o-5BN(1)-[6]CPP				

第7章 1,4-BN杂环对[6]CPPs的三态能、激子分布以及芳香性的调控机制研究 | 133

续表

化合物	NTO		几何(标注)	TDM
	空穴	电子		
p-2BN(1)-[6]CPP				
p-4BN(1)-[6]CPP				
6BN(1)-[6]CPP				

表 7-4 T_1 态几何基础上通过 TDA/LC-ωPBE 计算方法
所得的 BN(2)-[6]CPPs NTOs 和 TDM 相关图
([6]CPP 环骨架沿着顺时针方向标注)

化合物	NTO		几何(标注)	TDM
	空穴	电子		
o-2BN(2)-[6]CPP				
o-4BN(2)-[6]CPP				
p-2BN(2)-[6]CPP				

化合物	NTO		几何(标注)	TDM
	空穴	电子		
p-4BN(2)-[6]CPP				
[6]CPP-6BN(2)				

而对于 p-2mBN(1)-[6]CPPs(p-2mBN(1)-[6]CPPs) ($m=1,2$)，三态的形成涉及整个环的跃迁，纯苯之间的跃迁相关性要强于1,4-BN杂环之间或者杂环与苯环之间的跃迁，这主要源于纯苯之间的跃迁弱化了1,4-BN杂环固有的"屏蔽"效应，促使1,4-BN杂环在一定程度参与了三态的跃迁；而参与跃迁的1,4-BN杂环自身有较高的 E_T 值（3.87eV），这就解释了为什么 p-2mBN-[6]CPPs 的 E_T 值高于 o-nBN-[6]CPPs 的 E_T 值。而包含6个1,4-BN杂环的 6BN-[6]CPP，由于其纯苯环的缺失，1,4-BN杂环的固有的弱电子离域能力被凸显出来。所以，在 6BN-[6]CPP 的 TDM 图显示在每个1,4-BN杂环的内部有较强 T_1 跃迁相关。具体对于 6BN(1)-[6]CPP，存在两部分 T_1 跃迁相关，每部分都相关于三个相邻环之间的定域跃迁，而且1,4-BN杂环中的硼原子几乎不参与 T_1 跃迁。然而 6BN(2)-[6]CPP 的 T_1 跃迁除了不仅广泛发生于所有的1,4-BN杂环之间的ICT跃迁，而且每个1,4-BN杂环的内部有强的跃迁相关（三态激子的环内自陷入）。因此，由于本身具有高三态能的1,4-BN杂环全部参与了 T_1 跃迁，因此 6BN(2)-[6]CPP 要比 6BN(1)-[6]CPP 有高的 E_T。

7.3.2 芳香性

众所周知，一个分子具有芳香性的必要条件是电子云在其分子环上的充分离域。也就是说具有强芳香性分子一定是一个高度离域的体系。Taubert 等人报道具有 4nπ 电子的 [6]CPP 在基态因其具有正的核独立化学位移（NICS）值，被判断具有轻微的反芳香特征[232]。Baird 提出按照分布轨道微扰理论基态反芳香性应该在三态时显示出芳香性（该推论被称为 Baird 规则）[233]。这启发我们去探索 4nπ 电子的 [6]CPP 是否有三重态芳香性，是否符合 Baird 规则。NICS 被广泛应用于判别基态或者激发态是否有（反）芳香性特征[233~238]。我们通过计算 NICS 来预测 [6]CPP 及其 BN-[6]CPP 衍生物的 T_1 态芳香情况。NICS 值和总诱导电流密度图列于表 7-5 中。

表 7-5 BN-[6]CPPs 的 NICS 值（单位 ppm）和总诱导电流密度图

S₀ 态的 NICS 值		
[6]CPP	p-2BN(2)-[6]CPP	p-4BN(2)-[6]CPP
10.5	2.82	5.14

在 T_1 几何

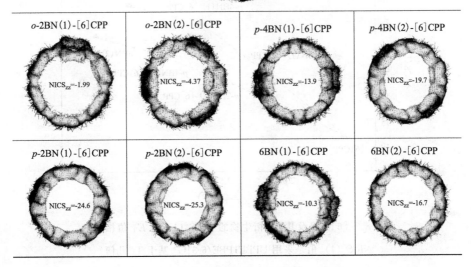

如表所示，对于 4nπ 电子的 [6]CPP，S_0 态的 NICS 值是正数

(10.5ppm)，T_1 态有负的 NICS 值（-37.7ppm），表明 [6]CPP 有强的 T_1 芳香性和 S_0 反芳香性，符合其 Baird 规则。然而对于新的 [6]CPP 等电子体的 BN-[6]CPPs 在三态时有不同大小的 $NICS_{zz}$ 值。p-$2m$BN-[6]CPPs(m=1~3) 的 $NICS_{zz}$ 值（-25.3~-10.3ppm）比 o-2BN(1)-[6]CPPs 和 o-2BN(2)-[6]CPPs 的 $NICS_{zz}$ 值（-1.99 和 -4.37ppm）负很多。$NICS_{zz}$ 值越负，芳香性越强。对于四个同分异构体，2BN-[6]CPPs，芳香性排序大小为 p-2BN(2)-[6]CPPs＞p-2BN(1)-[6]CPPs≥o-2BN(2)-[6]CPPs＞o-2BN(1)-[6]CPPs。我们得出在 [6]CPP 环的对位引入 1,4-BN 杂环可以使 [6]CPP 环保留芳香性，然而在邻位引入 1,4-BN 杂环使得芳香性弱化甚至消失。按照芳香性的强弱，我们可以判断出 1,4-BN 杂环参与 T_1 态电子离域和电流的程度，其直接影响不同的 BN-[6]CPPs 的 E_T 值大小。因此，对于含有相同 1,4-BN 杂环数的 BN-[6]CPPs 同分异构体，芳香性越强，三态能值越大。此外，随着 [6]CPP 环中 1,4-BN 杂环数的增加，纯苯环的减少，三态能增加，芳香性减弱。如图 7-8 所示，芳香性与不同体系的三态能的相关图再现了这些趋势。

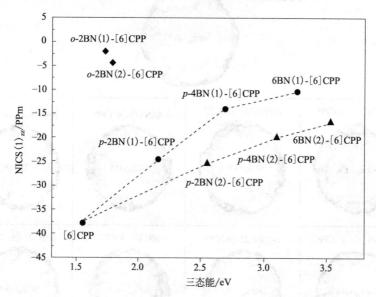

图 7-8　[6]CPP 及其 BN 衍生物的 NICS (1)$_{zz}$ 和 E_T 值相关图

NICS (1)$_{zz}$ 值是采用 UPBE1PBE/6-31G* 基于 T_1 几何在 [6]CPP 环中心以上 1Å 的位置计算得到

7.3.3 电子/空穴的注入能力

主体三态能大于客体三态能——防止能量逆流,把三态激子限制在客体发光材料上,是作为一个理想的主体材料最基本的条件之一。对于系列 1,4-BN-[6]CPPs 体系,随着 1,4-BN 取代数量和取代位置的不同,E_T 从 1.66 到 3.52eV 变化。从有效主客系统的能量匹配角度看,三态能为 2.0eV 左右的 o-nBN-[6]CPPs 体系可能更适合于近红外的磷光 OLEDs。而具有 $E_T=2.16 \sim 3.52$eV 的 p-$2m$BN-[6]CPPs($m=1 \sim 3$) 可能作为全色磷光 OLED 的主体材料。

除此之外,好的主体材料,还需要其 HOMO/LUMO 能级与电极和邻近层能级的匹配——减小空穴和电子的注入能垒。即,LUMO 能级低,有利于电子的注入,HOMO 能级高,有利于空穴的注入,进而具有小的电子和空穴注入能垒。从图 7-9,灰色短横线代表 LUMO 能级;灰色虚线代表具有良好电子传输能力的明星分子 Alq3 的 LUMO 能级;黑色短线代表研究体系的 HOMO 能级;黑色虚线表示良好空穴传输性能的明星分子 mCP 的 HOMO 轨道能级。p-$2m$BN-[6]CPPs 与 Alq3 相比,p-$2m$BN-[6]CPPs 的 LUMO 轨道能

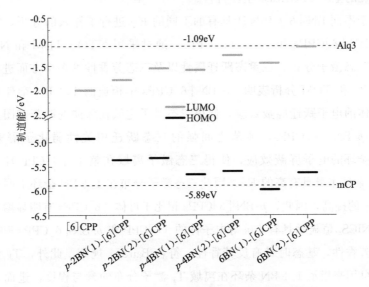

图 7-9 部分 BN-[6]CPPs 的 HOMO 和 LUMO 能级

级（从−1.11至−1.79eV）明显低于Alq3的LUMO轨道能级（−1.09eV）；除了6BN(1)-[6]CPP的HOMO能级明显高于mCP以外，其他体系的HOMO轨道能级范围为：从−5.33至−5.67eV，明显高于mCP的HOMO能级（−5.90eV）。结果表明：本工作设计p-2mBN-[6]CPPs体系具有良好的双极性注入能力，可能作为良好的蓝色磷光主体材料。

7.4 结论

本工作通过运用量子化学DFT/TD-DFT计算方法，按照追寻高E_T值[6]CPP基材料的主线进行展开。设计过程包括两个阶段：一个BN单元芳香环取代[6]CPP中一个苯对三态能和三态激子分布影响的初始探索——确定最优取代方式；改变BN单元芳香环的数量和取代位置去真正探索高E_T的BN-[6]CPP基衍生物。大量的初始探索表明：所有的一个BN单元芳香环引入[6]CPP框架中，只有1,4-BN环可最有效提高E_T。在第二阶段研究调查中，我们设计了一系列1,4-BN取代了[6]CPP衍生物（BN-[6]CPPs）。令人兴奋的是，三态能从1.66到3.52eV有很大的变化，这表明BN-[6]CPPs可能成为潜在的全彩PhOLEDs主体材料。

对于不同BN-[6]CPPs所具有的不同的E_T进行了深入的分析，特别是对于o-BN-[6]CPPs和p-BN-[6]CPPs，通过采用NTO、TDM和NICS等手段对三态激子分布、三重态跃迁属性以及三态芳香性等多个方面进行了分析。NTO和TDM分析表明，o-BN-[6]CPPs中相连的1,4-BN杂环呈现出一个整体的电子跃迁屏蔽效应，使得三态激子定域在弯曲的联苯基团上。然而对于p-BN-[6]CPPs，纯苯之间强的三态跃迁相关性弱化了隔开着的1,4-BN杂环的电子屏蔽效应，使得三态激子离域在整个[6]CPP环。由于1,4-BN杂环本身具有高的E_T，因此三态激子分布在1,4-BN杂环上明显地有利于E_T的提高，因此，p-BN-[6]CPPs相比于母体[6]CPPs有明显增加的三态能。NICS$_{zz}$值显示具有4nπ等电子体的[6]CPP和p-BN-[6]CPPs三重态时具有强芳香性，基态时具有反芳香性，符合Baird's规则。此外，T_1芳香性的大小可用来指示1,4-BN杂环在离域T_1激子分布的参与程度，进而从另一个角度解释不同BN-[6]CPPs所具有的不同三E_T的原因。

本研究不仅为通过一个 CPP 框架的化学修饰实现 CPP 基材料的三态能可控性提供有效的策略，而且为有机光电子领域中新型高 E_T 环型材料的设计和预测提供了理论指导。

7.5 计算方法

对于所有探索体系的基态优化采取密度泛函理论 PBE0[239]和 6-31G* 基组，绝热的 S_1 和 T_1 能量是基于 S_1、T_1 和 S_0 态的优化的结构通过 ΔSCF 方法计算得到的。为了选取可靠的计算三态能的方法，优化 S_0 态和 T_1 态的方法分别采用不同相关项含量的 DFT 和非限制性的 DFT 方法（UDFT）。采用五种方法，对七个体系进行计算方法的测试，相应的结果列入图 7-10(a)。结果表明：除 CAM-B3LYP 之外，其他四种方法计算的垂直三态能呈现出类似的变化趋势；CAM-B3LYP 计算的结果表明 [6]CPP 的三态能明显高于 [8]CPP，这显然不合理。为了进一步证实 DFT 计算的可靠性，我们通过 PBE0 和非限制性 PBE0（UPBE0）方法预测了 [n]CPP（n=8, 10, 12）的 E_T。从图 7-10(b) 我们得出：尽管 PBE0 方法高估了 E_T（约 0.1eV），然而总趋势与实验值吻合得较好。这说明在本工作中 PBE0 方法可以被用于预测系列 [6]CPP 体系的相对 E_T 值，T_1 态稳定几何构型通过 UPBE0 方法得到。为了对比，基于 S_0 态几何构型的垂直 T_1 激发能采用 TDA/LC-ωPBE 计算得到。Mulliken 电荷分析用于表征三线态的非成对电子的自旋密度分布，进一步实现三态激子分布的可视化。基于优化的 T_1 几何，我们采用非经验调控长程-分离（range-separated RS）泛函（LC-ωPBE*）进行了 TDA-DFT 计算[231,240～241]。对于每个体系的 RS 参数 ω 的确定，需要对每个 N 和 $N\pm1$ 的体系作单点计算，以默认的 SCF 自洽场作为收敛标准。建立在 TDA-DFT 计算基础上，我们选用 NTO 方法实现三重态电子和空穴的可视化，并且绘制 TDM 图分析电子跃迁的空间方位和位置。采用 Multiwfn 软件[56]分析了代表性分子的 MOC 图。NICS (1)$_{zz}$ 值是采用 UPBE1PBE/6-31G* 基于 T_1 几何在 [6]CPP 环中心以上 1Å 的位置计算得到。本章中涉及所有的体系的所有计算都在 Gaussian 09 程序包[156]中进行。

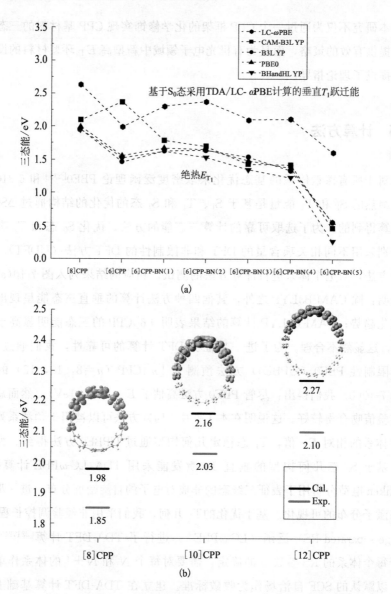

图 7-10 (a) 通过 ΔSCF 计算方法所得的 [6]CPP、[8]CPP 以及单一 BN-[6]CPP 的绝热 T_1 态能（S_0 和 T_1 稳定的几何分别通过不同的 HF 含量的 DFT 和 UDFT 计算所得；七个体系的垂直 T_1 能是基于 S_0 态几何采用 TDA/LC-ωPBE 计算方法得到）(a) 和 [n]CPP（n=8, 10, 12）的自旋密度分布、计算和实验的 T_1 态能 (b)

参考文献

[1] Tang C W, VanSlyke S A. Organic electroluminescent diodes. Appl. Phys. Lett. 1987, 51 (12), 913-915.

[2] Burroughes J H, Bradley D D C, Brown A R, et al. Light-emitting diodes based on conjugated polymers. Nature 1990, 347 (6293), 539-541.

[3] Turro N J. Modern molecular photochemistry. University Science Books California, CF 1991.

[4] Baldo M A, O'Brien D F, Thompson M E, et al. Excitonic singlet-triplet ratio in a semiconducting organic thin film. Phys. Rev. B 1999, 60 (20), 14422-14428.

[5] Köhler A, Wilson J S, Friend R H. Fluorescence and phosphorescence in organic materials. Adv. Mater. 2002, 14 (10), 701-707.

[6] Ma Y, Zhang H, Shen J, et al. Electroluminescence from triplet metal—ligand charge-transfer excited state of transition metal complexes. Synth. Met. 1998, 94 (3), 245-248.

[7] Baldo M A, O'Brien D F, You Y, et al. Highly efficient phosphorescent emission from organic electroluminescent devices. Nature 1998, 395 (6698), 151-154.

[8] Adachi C, Baldo M A, Thompson M E, et al. Nearly 100% internal phosphorescence efficiency in an organic light-emitting device. J. Appl. Phys. 2001, 90 (10), 5048-5051.

[9] Wang Q, Ding J, Ma D, et al. Harvesting excitons via two parallel channels for efficient white organic leds with nearly 100% internal quantum efficiency: Fabrication and emission-mechanism analysis. Adv. Funct. Mater. 2009, 19 (1), 84-95.

[10] Baldo M A, Lamansky S, Burrows P E, et al. Very high-efficiency green organic light-emitting devices based on electrophosphorescence. Appl. Phys. Lett. 1999, 75 (1), 4-6.

[11] Adachi C, Kwong R C, Djurovich P, et al. Endothermic energy transfer: A mechanism for generating very efficient high-energy phosphorescent emission in organic materials. Appl. Phys. Lett. 2001, 79 (13), 2082-2084.

[12] Tamayo A B, Alleyne B D, Djurovich P I, et al. Synthesis and characterization of facial and meridional tris-cyclometalated iridium (iii) complexes. J. Am. Chem. Soc. 2003, 125 (24), 7377-7387.

[13] Liang A-H, Zhang K, Zhang J, et al. Supramolecular phosphorescent polymer iridium complexes for high-efficiency organic light-emitting diodes. Chem. Mater. 2013, 25 (6),

1013-1019.

[14] Fernández-Hernández J M, Beltrán J I, Lemaur V, et al. Iridium (iii) emitters based on 1, 4-disubstituted-1h-1, 2, 3-triazoles as cyclometalating ligand: Synthesis, characterization, and electroluminescent devices. Inorg. Chem. 2013, 52 (4), 1812-1824.

[15] Vezzu D A K, Deaton J C, Jones J S, et al. Highly luminescent tetradentate bis-cyclometalated platinum complexes: Design, synthesis, structure, photophysics, and electroluminescence application. Inorg. Chem. 2010, 49 (11), 5107-5119.

[16] Chang S-Y, Kavitha J, Li S-W, et al. Platinum (ii) complexes with pyridyl azolate-based chelates: Synthesis, structural characterization, and tuning of photo- and electrophosphorescence. Inorg. Chem. 2005, 45 (1), 137-146.

[17] Tong G S-M, Che C-M. Emissive or nonemissive? A theoretical analysis of the phosphorescence efficiencies of cyclometalated platinum (ii) complexes. Chem. Eur. J. 2009, 15 (29), 7225-7237.

[18] Chang S-Y, Chen J-L, Chi Y, et al. Blue-emitting platinum (ii) complexes bearing both pyridylpyrazolate chelate and bridging pyrazolate ligands: Synthesis, structures, and photophysical properties. Inorg. Chem. 2007, 46 (26), 11202-11212.

[19] Unger Y, Zeller A, Ahrens S, et al. Blue phosphorescent emitters: New n-heterocyclic platinum (ii) tetracarbene complexes. Chem. Comm. 2008, 0 (28), 3263-3265.

[20] Unger Y, Zeller A, Taige M A, et al. Near-uv phosphorescent emitters: N-heterocyclic platinum (ii) tetracarbene complexes. Dalton Transactions 2009, 0 (24), 4786-4794.

[21] Unger Y, Meyer D, Strassner T. Blue phosphorescent platinum (ii) tetracarbene complexes with bis (triazoline-5-ylidene) ligands. Dalton Transactions 2010, 39 (18), 4295-4301.

[22] Li Y, Wang Y, Zhang Y, et al. Carbonyl polypyridyl re i complexes as organic electroluminescent materials. Synth. Met. 1999, 99 (3), 257-260.

[23] Stufkens D J, Vlček Jr A. Ligand-dependent excited state behaviour of re (i) and ru (ii) carbonyl-diimine complexes. Coord. Chem. Rev. 1998, 177 (1), 127-179.

[24] Handy E S, Pal A J, Rubner M F. Solid-state light-emitting devices based on the tris-chelated ruthenium (ii) complex. 2. Tris (bipyridyl) ruthenium (ii) as a high-brightness emitter. J. Am. Chem. Soc. 1999, 121 (14), 3525-3528.

[25] Liu C-Y, Bard A J. Individually addressable submicron scale light-emitting devices based on electroluminescence of solid ru (bpy) 3 (clo4) 2 films. J. Am. Chem. Soc. 2002, 124 (16), 4190-4191.

[26] Rudmann H, Shimada S, Rubner M F. Solid-state light-emitting devices based on the tris-chelated ruthenium (ii) complex. 4. High-efficiency light-emitting devices based on derivatives of the tris (2, 2'-bipyridyl) ruthenium (ii) complex. J. Am. Chem. Soc. 2002, 124 (17),

4918-4921.

[27] Carlson B, Phelan G D, Kaminsky W, et al. Divalent osmium complexes: Synthesis, characterization, strong red phosphorescence, and electrophosphorescence. J. Am. Chem. Soc. 2002, 124 (47), 14162-14172.

[28] Jiang X, Jen A K-Y, Carlson B, et al. Red electrophosphorescence from osmium complexes. Appl. Phys. Lett. 2002, 80 (5), 713-715.

[29] Hsu F M, Chien C H, Shu C F, et al. A bipolar host material containing triphenylamine and diphenylphosphoryl-substituted fluorene units for highly efficient blue electrophosphorescence. Adv. Funct. Mater. 2009, 19 (17), 2834-2843.

[30] Inomata H, Goushi K, Masuko T, et al. High-efficiency organic electrophosphorescent diodes using 1, 3, 5-triazine electron transport materials. Chem. Mater. 2004, 16 (7), 1285-1291.

[31] Lamansky S, Djurovich P, Murphy D, et al. Highly phosphorescent bis-cyclometalated iridium complexes: Synthesis, photophysical characterization, and use in organic light emitting diodes. J. Am. Chem. Soc. 2001, 123 (18), 4304-4312.

[32] Li C L, Su Y J, Tao Y T, et al. Yellow and red electrophosphors based on linkage isomers of phenylisoquinolinyliridium complexes: Distinct differences in photophysical and electroluminescence properties. Adv. Funct. Mater. 2005, 15 (3), 387-395.

[33] Tao Y, Wang Q, Ao L, et al. Highly efficient phosphorescent organic light-emitting diodes hosted by 1, 2, 4-triazole-cored triphenylamine derivatives: Relationship between structure and optoelectronic properties. The Journal of Physical Chemistry C 2009, 114 (1), 601-609.

[34] Tao Y, Wang Q, Yang C, et al. Tuning the optoelectronic properties of carbazole/oxadiazole hybrids through linkage modes: Hosts for highly efficient green electrophosphorescence. Adv. Funct. Mater. 2010, 20 (2), 304-311.

[35] Zhang K, Tao Y, Yang C, et al. Synthesis and properties of carbazole main chain copolymers with oxadiazole pendant toward bipolar polymer host: Tuning the homo/lumo level and triplet energy. Chem. Mater. 2008, 20 (23), 7324-7331.

[36] Tao Y, Gong S, Wang Q, et al. Morphologically and electrochemically stable bipolar host for efficient green electrophosphorescence. Phys. Chem. Chem. Phys. 2010, 12 (10), 2438-2442.

[37] Jeon S O, Yook K S, Joo C W, et al. Phenylcarbazole-based phosphine oxide host materials for high efficiency in deep blue phosphorescent organic light-emitting diodes. Adv. Funct. Mater. 2009, 19 (22), 3644-3649.

[38] Jeon S O, Yook K S, Joo C W, et al. High-efficiency deep-blue-phosphorescent organic light-emitting diodes using a phosphine oxide and a phosphine sulfide high-triplet-energy host material with bipolar charge-transport properties. Adv. Mater. 2010, 22 (16), 1872-1876.

[39] Chou H H, Cheng C H. A highly efficient universal bipolar host for blue, green, and red

phosphorescent oleds. Adv. Mater. 2010, 22 (22), 2468-2471.

[40] Ding J, Wang Q, Zhao L, et al. Design of star-shaped molecular architectures based on carbazole and phosphine oxide moieties: Towards amorphous bipolar hosts with high triplet energy for efficient blue electrophosphorescent devices. J. Mater. Chem. 2010, 20 (37), 8126-8133.

[41] Jeon S O, Lee J Y. Synthesis of fused phenylcarbazole phosphine oxide based high triplet energy host materials. Tetrahedron 2010, 66 (36), 7295-7301.

[42] Sapochak L S, Padmaperuma A B, Cai X, et al. Inductive effects of diphenylphosphoryl moieties on carbazole host materials: Design rules for blue electrophosphorescent organic light-emitting devices†. J. Phys. Chem. C. 2008, 112 (21), 7989-7996.

[43] Son H S, Seo C W, Lee J Y. Correlation of the substitution position of diphenylphosphine oxide on phenylcarbazole and device performances of blue phosphorescent organic light-emitting diodes. J. Mater. Chem. 2011, 21 (15), 5638-5644.

[44] Han C, Zhang Z, Xu H, et al. Controllably tuning excited-state energy in ternary hosts for ultralow-voltage-driven blue electrophosphorescence. Angew. Chem. Int. Ed. 2012, 51 (40), 10104-10108.

[45] Liu H, Cheng G, Hu D H, et al. A highly efficient, blue-phosphorescent device based on a wide-bandgap host/firpic: Rational design of the carbazole and phosphine oxide moieties on tetraphenylsilane. Adv. Funct. Mater. 2012, 22 (13), 2830-2836.

[46] Hudson Z M, Wang Z, Helander M G, et al. N-heterocyclic carbazole-based hosts for simplified single-layer phosphorescent oleds with high efficiencies. Adv. Mater. 2012, 24 (21), 2922-2928.

[47] Chaskar A, Chen H-F, Wong K-T. Bipolar host materials: A chemical approach for highly efficient electrophosphorescent devices. Adv. Mater. 2011, 23 (34), 3876-3895.

[48] Fan C, Zhao F, Gan P, et al. Simple bipolar molecules constructed from biphenyl moieties as host materials for deep-blue phosphorescent organic light-emitting diodes. Chem. Eur. J. 2012, 18 (18), 5510-5514.

[49] Lin M-S, Chi L-C, Chang H-W, et al. A diarylborane-substituted carbazole as a universal bipolar host material for highly efficient electrophosphorescence devices. J. Mater. Chem. 2012.

[50] Hung W-Y, Chi L-C, Chen W-J, et al. A carbazole-phenylbenzimidazole hybrid bipolar universal host for high efficiency rgb and white pholeds with high chromatic stability. J. Mater. Chem. 2011, 21 (48), 19249-19356.

[51] Liu X-K, Zheng C-J, Xiao J, et al. Novel bipolar host materials based on 1,3,5-triazine derivatives for highly efficient phosphorescent oleds with extremely low efficiency roll-off. Phys. Chem. Chem. Phys. 2012, 14 (41), 14255-14261.

[52] Su S-J, Cai C, Kido J. Three-carbazole-armed host materials with various cores for rgb phosphorescent organic light-emitting diodes. J. Mater. Chem. 2012, 22 (8), 3447-3456.

[53] Chang C-H, Kuo M-C, Lin W-C, et al. A dicarbazole-triazine hybrid bipolar host material for highly efficient green phosphorescent oleds. J. Mater. Chem. 2012, 22 (9), 3832-3838.

[54] Ting H-C, Chen Y-M, You H-W, et al. Indolo [3, 2-b] carbazole/benzimidazole hybrid bipolar host materials for highly efficient red, yellow, and green phosphorescent organic light emitting diodes. J. Mater. Chem. 2012, 22 (17), 8399-8407.

[55] Huang H, Yang X, Pan B, et al. Benzimidazole-carbazole-based bipolar hosts for high efficiency blue and white electrophosphorescence applications. J. Mater. Chem. 2012, 22 (26), 13223-13230.

[56] Yan M-K, Tao Y, Chen R-F, et al. Computational design and selection of optimal building blocks and linking topologies for construction of high-performance host materials. RSC Advances 2012, 2 (20), 7860-7867.

[57] Zhao J, Xie G-H, Yin C-R, et al. Harmonizing triplet level and ambipolar characteristics of wide-gap phosphine oxide hosts toward highly efficient and low driving voltage blue and green pholeds: An effective strategy based on spiro-systems. Chem. Mater. 2011, 23 (24), 5331-5339.

[58] Gong S, Fu Q, Zeng W, et al. Solution-processed double-silicon-bridged oxadiazole/arylamine hosts for high-efficiency blue electrophosphorescence. Chem. Mater. 2012, 24 (16), 3120-3127.

[59] Su S-J, Sasabe H, Takeda T, et al. Pyridine-containing bipolar host materials for highly efficient blue phosphorescent oleds. Chem. Mater. 2008, 20 (5), 1691-1693.

[60] Zheng C-J, Ye J, Lo M-F, et al. New ambipolar hosts based on carbazole and 4, 5-diazafluorene units for highly efficient blue phosphorescent oleds with low efficiency roll-off. Chem. Mater. 2012, 24 (4), 643-650.

[61] Zhuang J, Su W, Li W, et al. Configuration effect of novel bipolar triazole/carbazole-based host materials on the performance of phosphorescent oled devices. Org. Electron. 2012, 13 (10), 2210-2219.

[62] Duan L, Qiao J, Sun Y, et al. Strategies to design bipolar small molecules for oleds: Donor-acceptor structure and non-donor-acceptor structure. Adv. Mater. 2011, 23 (9), 1137-1144.

[63] Huang H, Wang Y, Zhuang S, et al. Simple phenanthroimidazole/carbazole hybrid bipolar host materials for highly efficient green and yellow phosphorescent organic light-emitting diodes. J. Phys. Chem. C. 2012, 116 (36), 19458-19466.

[64] Tao Y, Wang Q, Ao L, et al. Highly efficient phosphorescent organic light-emitting diodes hosted by 1, 2, 4-triazole-cored triphenylamine derivatives: Relationship between structure

and optoelectronic properties. J. Phys. Chem. C. 2010, 114 (1), 601-609.

[65] Han C, Zhang Z, Xu H, et al. Elevating the triplet energy levels of dibenzofuran-based ambipolar phosphine oxide hosts for ultralow-voltage-driven efficient blue electrophosphorescence: from D A to D π a systems. Chem. Eur. J. 2013, 19 (4), 1385-1396.

[66] Huang H, Wang Y, Pan B, et al. Simple bipolar hosts with high glass transition temperatures based on 1,8-disubstituted carbazole for efficient blue and green electrophosphorescent devices with "ideal" turn-on voltage. Chem. Eur. J. 2013, 19 (5), 1828-1834.

[67] Hung W-Y, Tsai T-C, Ku S-Y, et al. An ambipolar host material provides highly efficient saturated red pholeds possessing simple device structures. Phys. Chem. Chem. Phys. 2008, 10 (38), 5822-5825.

[68] Holmes R J, Forrest S R, Tung Y-J, et al. Blue organic electrophosphorescence using exothermic host-guest energy transfer. Appl. Phys. Lett. 2003, 82 (15), 2422-2424.

[69] Tao Y, Wang Q, Yang C, et al. A simple carbazole/oxadiazole hybrid molecule: An excellent bipolar host for green and red phosphorescent oleds. Angew. Chem. Int. Ed. 2008, 47 (42), 8104-8107.

[70] Tao Y, Wang Q, Ao L, et al. Molecular design of host materials based on triphenylamine/oxadiazole hybrids for excellent deep-red phosphorescent organic light-emitting diodes. J. Mater. Chem. 2010, 20 (9), 1759-1765.

[71] Tao Y, Wang Q, Shang Y, et al. Multifunctional bipolar triphenylamine/oxadiazole derivatives: Highly efficient blue fluorescence, red phosphorescence host and two-color based white oleds. Chem. Comm. 2009, (1), 77-79.

[72] Tao Y, Wang Q, Yang C, et al. Multifunctional triphenylamine/oxadiazole hybrid as host and exciton-blocking material: High efficiency green phosphorescent oleds using easily available and common materials. Adv. Funct. Mater. 2010, 20 (17), 2923-2929.

[73] Hsu F-M, Chien C-H, Shih P-I, et al. Phosphine-oxide-containing bipolar host material for blue electrophosphorescent devices. Chem. Mater. 2009, 21 (6), 1017-1022.

[74] Kim J H, Yoon D Y, Kim J W, et al. New host materials with high triplet energy level for blue-emitting electrophosphorescent device. Synth. Met. 2007, 157 (18-20), 743-750.

[75] Ge Z, Hayakawa T, Ando S, et al. Spin-coated highly efficient phosphorescent organic light-emitting diodes based on bipolar triphenylamine-benzimidazole derivatives. Adv. Funct. Mater. 2008, 18 (4), 584-590.

[76] Lai M-Y, Chen C-H, Huang W-S, et al. Benzimidazole/amine-based compounds capable of ambipolar transport for application in single-layer blue-emitting oleds and as hosts for phosphorescent emitters. Angew. Chem. Int. Ed. 2008, 47 (3), 581-585.

[77] Chen C H, Huang W S, Lai M Y, et al. Versatile, benzimidazole/amine-based ambipolar

compounds for electroluminescent applications: Single-layer, blue, fluorescent oleds, hosts for single-layer, phosphorescent oleds. Adv. Funct. Mater. 2009, 19 (16), 2661-2670.

[78] Takizawa S-y, Montes V A, Anzenbacher P. Phenylbenzimidazole-based new bipolar host materials for efficient phosphorescent organic light-emitting diodes. Chem. Mater. 2009, 21 (12), 2452-2458.

[79] Chen C-H, Huang W-S, Lai M-Y, et al. Versatile, benzimidazole/amine-based ambipolar compounds for electroluminescent applications: Single-layer, blue, fluorescent oleds, hosts for single-layer, phosphorescent oleds. Adv. Funct. Mater. 2009, 19 (16), 2661-2670.

[80] Ge Z, Hayakawa T, Ando S, et al. Solution-processible bipolar triphenylamine-benzimidazole derivatives for highly efficient single-layer organic light-emitting diodes. Chem. Mater. 2008, 20 (7), 2532-2537.

[81] Huang H, Yang X, Pan B, et al. Benzimidazole-carbazole-based bipolar hosts for high efficiency blue and white electrophosphorescence applications. J. Mater. Chem. 2012, 22 (26), 13223-13230.

[82] Su S-J, Cai C, Kido J. Rgb phosphorescent organic light-emitting diodes by using host materials with heterocyclic cores: Effect of nitrogen atom orientations. Chem. Mater. 2011, 23 (2), 274-284.

[83] Kim D, Coropceanu V, Brédas J-L. Design of efficient ambipolar host materials for organic blue electrophosphorescence: Theoretical characterization of hosts based on carbazole derivatives. J. Am. Chem. Soc. 2011, 133 (44), 17895-17900.

[84] Ge Z, Hayakawa T, Ando S, et al. Novel bipolar bathophenanthroline containing hosts for highly efficient phosphorescent oleds. Org. Lett. 2008, 10 (3), 421-424.

[85] Son K S, Yahiro M, Imai T, et al. Analyzing bipolar carrier transport characteristics of diarylamino-substituted heterocyclic compounds in organic light-emitting diodes by probing electroluminescence spectra. Chem. Mater. 2008, 20 (13), 4439-4446.

[86] Rothmann M M, Haneder S, Da Como E, et al. Donor-substituted 1, 3, 5-triazines as host materials for blue phosphorescent organic light-emitting diodes. Chem. Mater. 2010, 22 (7), 2403-2410.

[87] Burrows P E, Padmaperuma A B, Sapochak L S, et al. Ultraviolet electroluminescence and blue-green phosphorescence using an organic diphosphine oxide charge transporting layer. Appl. Phys. Lett. 2006, 88 (18), 183503-183505.

[88] Padmaperuma A B, Sapochak L S, Burrows P E. New charge transporting host material for short wavelength organic electrophosphorescence: 2, 7-bis (diphenylphosphine oxide)-9, 9-dimethylfluorene. Chem. Mater. 2006, 18 (9), 2389-2396.

[89] Vecchi P A, Padmaperuma A B, Qiao H, et al. A dibenzofuran-based host material for blue

electrophosphorescence. Org. Lett. 2006, 8 (19), 4211-4214.

[90] Jeon S O, Jang S E, Son H S, et al. External quantum efficiency above 20% in deep blue phosphorescent organic light-emitting diodes. Adv. Mater. 2011, 23 (12), 1436-1441.

[91] Jeon S O, Lee J Y. Phosphine oxide derivatives for organic light emitting diodes. J. Mater. Chem. 2012, 22 (10), 4233-4243.

[92] Jeon S O, Lee J Y. Comparison of symmetric and asymmetric bipolar type high triplet energy host materials for deep blue phosphorescent organic light-emitting diodes. J. Mater. Chem. 2012, 22 (15), 7239-7244.

[93] Han C, Zhao Y, Xu H, et al. A simple phosphine-oxide host with a multi-insulating structure: High triplet energy level for efficient blue electrophosphorescence. Chem. Eur. J. 2011, 17 (21), 5800-5803.

[94] Hsu F-M, Chien C-H, Shu C-F, et al. A bipolar host material containing triphenylamine and diphenylphosphoryl-substituted fluorene units for highly efficient blue electrophosphorescence. Adv. Funct. Mater. 2009, 19 (17), 2834-2843.

[95] Bin J-K, Cho N-S, Hong J-I. New host material for high-performance blue phosphorescent organic electroluminescent devices. Adv. Mater. 2012, 24 (21), 2911-2915.

[96] Lin J-J, Liao W-S, Huang H-J, et al. A highly efficient host/dopant combination for blue organic electrophosphorescence devices. Adv. Funct. Mater. 2008, 18 (3), 485-491.

[97] Lyu Y Y, Kwak J, Jeon W S, et al. Highly efficient red phosphorescent oleds based on non-conjugated silicon-cored spirobifluorene derivative doped with ir-complexes. Adv. Funct. Mater. 2009, 19 (3), 420-427.

[98] Tsai M H, Lin H W, Su H C, et al. Highly efficient organic blue electrophosphorescent devices based on 3,6-bis(triphenylsilyl) carbazole as the host material. Adv. Mater. 2006, 18 (9), 1216-1220.

[99] Shih P-I, Chien C-H, Chuang C-Y, et al. Novel host material for highly efficient blue phosphorescent oleds. J. Mater. Chem. 2007, 17 (17), 1692-1698.

[100] Hu D, Cheng G, Liu H, et al. Carbazole/oligocarbazoles substituted silanes as wide bandgap host materials for solution-processable electrophosphorescent devices. Org. Electron. 2012, 13 (12), 2825-2831.

[101] Ren X, Li J, Holmes R J, et al. Ultrahigh energy gap hosts in deep blue organic electrophosphorescent devices. Chem. Mater. 2004, 16 (23), 4743-4747.

[102] Wei W, Djurovich P I, Thompson M E. Properties of fluorenyl silanes in organic light emitting diodes. Chem. Mater. 2010, 22 (5), 1724-1731.

[103] Hu D, Lu P, Wang C, et al. Silane coupling di-carbazoles with high triplet energy as host materials for highly efficient blue phosphorescent devices. J. Mater. Chem. 2009, 19 (34), 6143-6148.

[104] Jou J-H, Wang W-B, Chen S-Z, et al. High-efficiency blue organic light-emitting diodes using a 3,5-di (9h-carbazol-9-yl) tetraphenylsilane host via a solution-process. J. Mater. Chem. 2010, 20 (38), 8411-8416.

[105] Chen R-F, Liu L-Y, Fu H, et al. The influence of the linkage pattern on the optoelectronic properties of polysilafluorenes: A theoretical study. J. Phys. Chem. B 2010, 115 (2), 242-248.

[106] Han W-S, Son H-J, Wee K-R, et al. Silicon-based blue phosphorescence host materials: Structure and photophysical property relationship on methyl/phenylsilanes adorned with 4-(n-carbazolyl) phenyl groups and optimization of their electroluminescence by peripheral 4-(n-carbazolyl) phenyl numbers. J. Phys. Chem. C. 2009, 113 (45), 19686-19693.

[107] Tsuboi T, Liu S-W, Wu M-F, et al. Spectroscopic and electrical characteristics of highly efficient tetraphenylsilane-carbazole organic compound as host material for blue organic light emitting diodes. Org. Electron. 2009, 10 (7), 1372-1377.

[108] Holmes R J, Andrade B W D, Forrest S R, et al. Efficient, deep-blue organic electrophosphorescence by guest charge trapping. Appl. Phys. Lett. 2003, 83 (18), 3818-3820.

[109] Lee S J, Seo J H, Kim J H, et al. Efficient triplet exciton confinement of white organic light-emitting diodes using a heavily doped phosphorescent blue emitter. Thin Solid Films 2010, 518 (22), 6184-6187.

[110] Yeh S-J, Wu M-F, Chen C-T, et al. New dopant and host materials for blue-light-emitting phosphorescent organic electroluminescent devices. Adv. Mater. 2005, 17 (3), 285-289.

[111] Cho Y J, Lee J Y. Tetraphenylsilane-based high triplet energy host materials for blue phosphorescent organic light-emitting diodes. J. Phys. Chem. C. 2011, 115 (20), 10272-10276.

[112] Gong S, Chen Y, Yang C, et al. De novo design of silicon-bridged molecule towards a bipolar host: All-phosphor white organic light-emitting devices exhibiting high efficiency and low efficiency roll-off. Adv. Mater. 2010, 22 (47), 5370-5373.

[113] Förster T. 10th spiers memorial lecture. Transfer mechanisms of electronic excitation. Discuss. Faraday Soc., 1959, 27, 7-17.

[114] Dexter D L. A theory of sensitized luminescence in solids. J. Chem. Phys. 1953, 21 (5), 836-850.

[115] Hiroyuki S, Satoshi H. Effects of doping dyes on the electroluminescent characteristics of multilayer organic light-emitting diodes. J. Appl. Phys. 1996, 79 (11), 8816-8822.

[116] Heitler W, London F. Wechselwirkung neutraler atome und homöopolare bindung nach der quantenmechanik. Zeitschrift für Physik 1927, 44 (6-7), 455-472.

[117] 北京师范大学，华中师范大学，南京师范大学无机化学教研室编．无机化学．上册．第四版．北京：高等教育出版社，2014.

[118] Lennard-Jones J E. The electronic structure of some diatomic molecules. Transactions of the Faraday Society 1929, 25 (0), 668-686.

[119] Parr R G. Density functional theory. Annu. Rev. Phys. Chem. 1983, 34 (1), 631-656.

[120] Thomas L H. The calculation of atomic fields. Mathematical Proceedings of the Cambridge Philosophical Society 1927, 23 (05), 542-548.

[121] Born M, Oppenheimer R. Zur quantentheorie der molekeln. Annalen der Physik 1927, 389 (20), 457-484.

[122] Cramer C J. Essentials of computational chemistry. John wiley & sons. Isbn 0-470-09182-7. 2002.

[123] Jensen F. Introduction to computational chemistry 2nd edition. John wiley & sons. Isbn 0-470-01187-4. 1999.

[124] Kohn W, Sham L J. Self-consistent equations including exchange and correlation effects. Physical Review 1965, 140 (4A), A1133-A1138.

[125] Vignale G, Rasolt M. Density-functional theory in strong magnetic fields. Phys. Rev. Lett. 1987, 59 (20), 2360-2363.

[126] Grayce C J, Harris R A. Magnetic-field density-functional theory. Phys. Rev. A 1994, 50 (4), 3089-3095.

[127] Franck J, Dymond E G. Elementary processes of photochemical reactions. Transactions of the Faraday Society 1926, 21 (February), 536-542.

[128] Stanton L. Selection rules for pure rotation and vibration-rotation hyper-raman spectra. J. Raman Spectrosc. 1973, 1 (1), 53-70.

[129] Hättig H, Hünchen K, Wäffler H. Evidence for parity-forbidden α-particle decay from the 8.87-mev 2^{-} state in ^{16} o. Phys. Rev. Lett. 1970, 25 (14), 941-943.

[130] Kasha M. Characterization of electronic transitions in complex molecules. Discuss. Faraday Soc., 1950, 9 (0), 14-19.

[131] 樊美公姚，佟振合. 分子光化学与光功能材料科学 [M]. 北京：科学出版社，2009.

[132] Brunner K, van Dijken A, Börner H, et al. Carbazole compounds as host materials for triplet emitters in organic light-emitting diodes: Tuning the homo level without influencing the triplet energy in small molecules. J. Am. Chem. Soc. 2004, 126 (19), 6035-6042.

[133] Tsai M H, Hong Y H, Chang C H, et al. 3-(9-carbazolyl) carbazoles and 3, 6-di (9-carbazolyl) carbazoles as effective host materials for efficient blue organic electrophosphorescence. Adv. Mater. 2007, 19 (6), 862-866.

[134] Köhler A, Beljonne D. The singlet-triplet exchange energy in conjugated polymers. Adv. Funct. Mater. 2004, 14 (1), 11-18.

[135] Köhler A, Wilson J S, Friend R H, et al. The singlet--triplet energy gap in organic and pt-containing phenylene ethynylene polymers and monomers. J. Chem. Phys. 2002, 116 (21),

9457-9463.

[136] Wilson J S, Chawdhury N, Al-Mandhary M R A, et al. The energy gap law for triplet states in pt-containing conjugated polymers and monomers. J. Am. Chem. Soc. 2001, 123 (38), 9412-9417.

[137] Cooper T M, Krein D M, Burke A R, et al. Asymmetry in platinum acetylide complexes: Confinement of the triplet exciton to the lowest energy ligand. J. Phys. Chem. A 2006, 110 (50), 13370-13378.

[138] Koh S E, Risko C, da Silva Filho D A, et al. Modeling electron and hole transport in fluoro-arene-oligothiopene semiconductors: Investigation of geometric and electronic structure properties. Adv. Funct. Mater. 2008, 18 (2), 332-340.

[139] Muhammad S, Xu H, Liao Y, et al. Quantum mechanical design and structure of the li@b10h14 basket with a remarkably enhanced electro-optical response. J. Am. Chem. Soc. 2009, 131 (33), 11833-11840.

[140] Peng Q, Yi Y, Shuai Z, et al. Toward quantitative prediction of molecular fluorescence quantum efficiency: Role of duschinsky rotation. J. Am. Chem. Soc. 2007, 129 (30), 9333-9339.

[141] Wang L, Nan G, Yang X, et al. Computational methods for design of organic materials with high charge mobility. Chem. Soc. Rev. 2010, 39 (2), 423-434.

[142] Sancho-García J C. Treatment of singlet-triplet splitting of a set of phenylene ethylenes organic molecules by td-dft. Chem. Phys. Lett. 2007, 439 (1-3), 236-242.

[143] Paddon-Row M N, Shephard M J. A time-dependent density functional study of the singlet-triplet energy gap in charge-separated states of rigid bichromophoric molecules. J. Phys. Chem. A 2002, 106 (12), 2935-2944.

[144] Avilov I, Marsal P, Brédas J L, et al. Quantum-chemical design of host materials for full-color triplet emission. Adv. Mater. 2004, 16 (18), 1624-1629.

[145] Kim D, Salman S, Coropceanu V, et al. Phosphine oxide derivatives as hosts for blue phosphors: A joint theoretical and experimental study of their electronic struc-ture. Chem. Mater. 2010, 22 (1), 247-254.

[146] Marsal P, Avilov I, da Silva Filho D A, et al. Molecular hosts for triplet emission in light emitting diodes: A quantum-chemical study. Chem. Phys. Lett. 2004, 392 (4-6), 521-528.

[147] Yin J, Zhang S-L, Chen R-F, et al. Carbazole endcapped heterofluorenes as host materials: Theoretical study of their structural, electronic, and optical properties. Phys. Chem. Chem. Phys. 2010, 1463-9076.

[148] Adamo C, Cossi M, Scalmani G, et al. Accurate static polarizabilities by density functional theory: Assessment of the pbe0 model. Chem. Phys. Lett. 1999, 307 (3-4), 265-271.

[149] Hutchison G R, Ratner M A, Marks T J. Accurate prediction of band gaps in neutral hetero-

cyclic conjugated polymers. J. Phys. Chem. A 2002, 106 (44), 10596-10605.

[150] Birkenheuer U, Gordienko A B, Nasluzov V A, et al. Model density approach to the kohn-sham problem: Efficient extension of the density fitting technique. Int. J. Quantum Chem. 2005, 102 (5), 743-761.

[151] Adamo C, Barone V. Toward chemical accuracy in the computation of nmr shieldings: The pbe0 model. Chem. Phys. Lett. 1998, 298 (1-3), 113-119.

[152] Koch W, Holthausen M C. A Chemist's Guide to Density Functional Theory; Wiley-VCH: Weinheim, Germany, 2000.

[153] Malagoli M, Brédas J L. Density functional theory study of the geometric structure and energetics of triphenylamine-based hole-transporting molecules. Chem. Phys. Lett. 2000, 327 (1-2), 13-17.

[154] Runge E, Gross E K U. Density-functional theory for time-dependent systems. Phys. Rev. Lett. 1984, 52 (12), 997.

[155] Jacquemin D, Perpète E A, Ciofini I, et al. Assessment of functionals for td-dft calculations of singlet-triplet transitions. J. Chem. Theory Comput. 2010, 6 (5), 1532-1537.

[156] Frisch M J, Trucks G W, Schlegel H B, et al. GAUSSIAN 09, Revision A. 02, Gaussian, Inc., Wallingford, CT2009.

[157] Wu J, Wu S, Geng Y, et al. Theoretical study on dithieno [3, 2-b: 2', 3'-d] phosphole derivatives: High-efficiency blue emitting materials with ambipolar semiconductor behavior. Theor. Chem. Acc. 2010, 127 (4), 419-427.

[158] Yamaguchi S, Tamao K. Theoretical study of the electronic structure of 2, 2'-bisilole in comparison with 1, 1'-bi-1, 3-cyclopentadiene: Σ*-π* conjugation and a low-lying lumo as the origin of the unusual optical properties of 3, 3', 4, 4'-tetraphenyl-2, 2'-bisilole. Bull. Chem. Soc. Jpn. 1996, 69 (8), 2327-2334.

[159] Yamaguchi S, Tamao K. Silole-containing σ- and π-conjugated compounds. J. Chem. Soc., Dalton Trans. 1998, (22), 3693-3702.

[160] Zeng L, Lee T Y H, Merkel P B, et al. A new class of non-conjugated bipolar hybrid hosts for phosphorescent organic light-emitting diodes. J. Mater. Chem. 2009, 19 (46), 8772-8781.

[161] Wu J, Liao Y, Wu S-X, et al. Phenylcarbazole and phosphine oxide/sulfide hybrids as host materials for blue phosphors: Effectively tuning the charge injection property without influencing the triplet energy. Phys. Chem. Chem. Phys. 2012, 14 (5), 1685-1693.

[162] Kim M, Lee J Y. Synthesis of 2- and 4-substituted carbazole derivatives and correlation of substitution position with photophysical properties and device performances of host materials. Organic Electronics 2013, 14 (1), 67-73.

[163] Gu X, Zhang H, Fei T, et al. Bipolar host molecules for efficient blue electrophosphores-

cence: A quantum chemical design. J. Phys. Chem. A 2010, 114 (2), 965-972.

[164] Jacquemin D, Wathelet V r, Perpète E A, et al. Extensive td-dft benchmark: Singlet-excited states of organic molecules. J. Chem. Theory Comput. 2009, 5 (9), 2420-2435.

[165] Yang B, Zhang Q, Zhong J, et al. Substituent effect of fluorine ligand on spectroscopic properties of pt (n^c^n) cl complexes, a theoretical study. Org. Electron. 2012, 13 (11), 2568-2574.

[166] Frost J M, Faist M A, Nelson J. Energetic disorder in higher fullerene adducts: A quantum chemical and voltammetric study. Adv. Mater. 2010, 22 (43), 4881-4884.

[167] Zhang G, Musgrave C B. Comparison of dft methods for molecular orbital eigenvalue calculations. J. Phys. Chem. A 2007, 111 (8), 1554-1561.

[168] Savin A, Umrigar C J, Gonze X. Relationship of kohn-sham eigenvalues to excitation energies. Chem. Phys. Lett. 1998, 288 (2-4), 391-395.

[169] Mitsui M, Ohshima Y. Structure and dynamics of 9 (10h) -acridone and its hydrated clusters. I. Electronic spectroscopy. J. Phys. Chem. A 2000, 104 (38), 8638-8648.

[170] Wang Z, Day P N, Pachter R. Density functional theory studies of meso-alkynyl porphyrins. J. Chem. Phys. 1998, 108 (6), 2504-2510.

[171] Ziegler T, Rauk A, Baerends E. On the calculation of multiplet energies by the hartree-fock-slater method. Theor. Chim. Acta 1977, 43 (3), 261-271.

[172] Kowalczyk T, Yost S R, Voorhis T V. Assessment of the delta scf density functional theory approach for electronic excitations in organic dyes. J. Chem. Phys. 2011, 134 (5), 054128.

[173] Besley N A, Gilbert A T B, Gill P M W. Self-consistent-field calculations of core excited states. J. Chem. Phys. 2009, 130 (12), 124308.

[174] Richard L M. Natural transition orbitals. J. Chem. Phys. 2003, 118 (11), 4775-4777.

[175] Batista E R, Martin R L. Exciton localization in a pt-acetylide complex. J. Phys. Chem. A 2005, 109 (43), 9856-9859.

[176] Huang S-P, Jen T-H, Chen Y-C, et al. Effective shielding of triplet energy transfer to conjugated polymer by its dense side chains from phosphor dopant for highly efficient electrophosphorescence. J. Am. Chem. Soc. 2008, 130 (14), 4699-4707.

[177] King S M, Al-Attar H A, Evans R J, et al. The use of substituted iridium complexes in doped polymer electrophosphorescent devices: The influence of triplet transfer and other factors on enhancing device performance. Adv. Funct. Mater. 2006, 16 (8), 1043-1050.

[178] Xia H, Li M, Lu D, et al. Host selection and configuration design of electrophosphorescent devices. Adv. Funct. Mater. 2007, 17 (11), 1757-1764.

[179] Baldo M A, Forrest S R. Transient analysis of organic electrophosphorescence: I. Transient analysis of triplet energy transfer. Phys. Rev. B 2000, 62 (16), 10958-10966.

[180] Gong X, Ostrowski J C, Moses D, et al. Electrophosphorescence from a polymer guest-host system with an iridium complex as guest: Förster energy transfer and charge trapping. Adv. Funct. Mater. 2003, 13 (6), 439-444.

[181] Jeon W S, Park T J, Kim S Y, et al. Ideal host and guest system in phosphorescent oleds. Org. Electron. 2009, 10 (2), 240-246.

[182] Tao J, Tretiak S, Zhu JX. Prediction of excitation energies for conjugated polymers using time-dependent density functional theory. Phys. Rev. B 2009, 80 (23), 235110.

[183] Hung W Y, Tu G M, Chen S W, et al. Phenylcarbazole-dipyridyl triazole hybrid as bipolar host material for phosphorescent oleds. J. Mater. Chem. 2012, 22 (12), 5410-5418.

[184] Chen H F, Wang T C, Hung W Y, et al. Spiro-configured bipolar hosts incorporating 4, 5-diazafluroene as the electron transport moiety for highly efficient red and green phosphorescent oleds. J. Mater. Chem. 2012, 22 (19), 9658-9664.

[185] Fan C, Chen Y, Jiang Z, et al. Diarylmethylene-bridged triphenylamine derivatives encapsulated with fluorene: Very high tg host materials for efficient blue and green phosphorescent oleds. J. Mater. Chem. 2010, 20 (16), 3232-3237.

[186] Yin J, Zhang S L, Chen R F, et al. Carbazole endcapped heterofluorenes as host materials: Theoretical study of their structural, electronic, and optical properties. Phys. Chem. Chem. Phys. 2010, 12 (47), 15448-15458.

[187] Aittala P J, Cramariuc O, Hukka T I, et al. A tddft study of the fluorescence properties of three alkoxypyridylindolizine derivatives. J. Phys. Chem. A 2010, 114 (26), 7094-7101.

[188] Beljonne D, Wittmann H F, Kohler A, et al. Spatial extent of the singlet and triplet excitons in transition metal-containing poly-ynes. J. Chem. Phys. 1996, 105 (9), 3868-3877.

[189] Burkhart R D, Jhon N I. Triplet excimer formation of triphenylamine and related chromophores in polystyrene films. J. Phys. Chem. 1991, 95 (19), 7189-7196.

[190] Segawa Y, Omachi H, Itami K. Theoretical studies on the structures and strain energies of cycloparaphenylenes. Org. Lett. 2010, 12 (10), 2262-2265.

[191] Alvarez M P, Burrezo P M, Kertesz M, et al. Properties of sizeable [n]cycloparaphenylenes as molecular models of single-wall carbon nanotubes elucidated by raman spectroscopy: Structural and electron-transfer responses under mechanical stress. Angew. Chem. Int. Ed. 2014, 53 (27), 7033-7037.

[192] Chen H, Golder M R, Wang F, et al. Raman spectroscopy of carbon nanohoops. Carbon 2014, 67, 203-213.

[193] Jagadeesh M N, Makur A, Chandrasekhar J. The interplay of angle strain and aromaticity: Molecular and electronic structures of [0n] paracyclophanes. Molecular modeling annual 2000, 6 (2), 226-233.

[194] Segawa Y, Fukazawa A, Matsuura S, et al. Combined experimental and theoretical studies on the photophysical properties of cycloparaphenylenes. Organic & Biomolecular Chemistry 2012, 10 (30), 5979-5984.

[195] Wong B M. Optoelectronic properties of carbon nanorings: Excitonic effects from time-dependent density functional theory. J. Phys. Chem. C. 2009, 113 (52), 21921-21927.

[196] Adamska L, Nayyar I, Chen H, et al. Self-trapping of excitons, violation of condon approximation, and efficient fluorescence in conjugated cycloparaphenylenes. Nano Letters 2014, 14 (11), 6539-6546.

[197] Liu J, Adamska L, Doorn S K, et al. Singlet and triplet excitons and charge polarons in cycloparaphenylenes: A density functional theory study. Phys. Chem. Chem. Phys. 2015, 17 (22), 14613-14622.

[198] Darzi E R, Hirst E S, Weber C D, et al. Synthesis, properties, and design principles of donor-acceptor nanohoops. ACS Central Science 2015, 1 (6), 335-342.

[199] Fujitsuka M, Tojo S, Iwamoto T, et al. Radical ions of cycloparaphenylenes: Size dependence contrary to the neutral molecules. J. Phys. Chem. Lett. 2014, 5 (13), 2302-2305.

[200] Camacho C, Niehaus T A, Itami K, et al. Origin of the size-dependent fluorescence blueshift in [n]cycloparaphenylenes. Chem. Sci. 2013, 4 (1), 187-195.

[201] Darzi E R, Sisto T J, Jasti R. Selective syntheses of [7]- [12] cycloparaphenylenes using orthogonal suzuki-miyaura cross-coupling reactions. J. Org. Chem. 2012, 77 (15), 6624-8.

[202] Iwamoto T, Watanabe Y, Sakamoto Y, et al. Selective and random syntheses of [n]cycloparaphenylenes (n=8−13) and size dependence of their electronic properties. J. Am. Chem. Soc. 2011, 133 (21), 8354-8361.

[203] Li P, Wong B M, Zakharov L N, et al. Investigating the reactivity of 1,4-anthracene-incorporated cycloparaphenylene. Org. Lett. 2016, 18 (7), 1574-1577.

[204] Hines D A, Darzi E R, Jasti R, et al. Carbon nanohoops: Excited singlet and triplet behavior of [9]-and [12]-cycloparaphenylene. J. Phys. Chem. A 2014, 118 (9), 1595-1600.

[205] Nishihara T, Segawa Y, Itami K, et al. Excited states in cycloparaphenylenes: Dependence of optical properties on ring length. J. Phys. Chem. Lett. 2012, 3 (21), 3125-3128.

[206] Fujitsuka M, Lu C, Iwamoto T, et al. Properties of triplet-excited [n]cycloparaphenylenes (n=8−12): Excitation energies lower than those of linear oligomers and polymers. J. Phys. Chem. A 2014, 118 (25), 4527-4532.

[207] Reddy V S, Camacho C, Xia J, et al. Quantum dynamics simulations reveal vibronic effects on the optical properties of [n]cycloparaphenylenes. J. Chem. Theory Comput. 2014, 10 (9), 4025-4036.

[208] Sancho-García J C, Adamo C, Pérez-Jiménez A J. Describing excited states of [n]cyclopara-

phenylenes by hybrid and double-hybrid density functionals: From isolated to weakly interacting molecules. Theor. Chem. Acc. 2016, 135 (1), 25-36.

[209] Talipov M R, Ivanov M V, Rathore R. Inclusion of asymptotic dependence of reorganization energy in the modified marcus-based multistate model accurately predicts hole distribution in poly-p-phenylene wires. J. Phys. Chem. C. 2016, 120 (12), 6402-6408.

[210] Talipov M R, Jasti R, Rathore R. A circle has no end: Role of cyclic topology and accompanying structural reorganization on the hole distribution in cyclic and linear poly-p-phenylene molecular wires. J. Am. Chem. Soc. 2015, 137 (47), 14999-5006.

[211] Darzi E R, Jasti R. The dynamic, size-dependent properties of [5]-[12] cycloparaphenylenes. Chem. Soc. Rev. 2015, 44 (18), 6401-10.

[212] Park K H, Cho J W, Kim T W, et al. Defining cyclic-acyclic exciton transition at the single-molecule level: Size-dependent conformational heterogeneity and exciton delocalization in ethynylene-bridged cyclic oligothiophenes. J. Phys. Chem. Lett. 2016, 7 (7), 1260-1266.

[213] Chen Q, Trinh M T, Paley D W, et al. Strain-induced stereoselective formation of blue-emitting cyclostilbenes. J. Am. Chem. Soc. 2015, 137 (38), 12282-12288.

[214] Darzi E R, Sisto T J, Jasti R. Selective syntheses of [7]-[12] cycloparaphenylenes using orthogonal suzuki-miyaura cross-coupling reactions. J. Org. Chem. 2012, 77 (15), 6624-6628.

[215] Fujitsuka M, Cho D W, Iwamoto T, et al. Size-dependent fluorescence properties of [n] cycloparaphenylenes (n = 8 − 13), hoop-shaped π-conjugated molecules. Phys. Chem. Chem. Phys. 2012, 14 (42), 14585-14588.

[216] Wu J, Kan Y-H, Wu Y, et al. Computational design of host materials suitable for green-(deep) blue phosphors through effectively tuning the triplet energy while maintaining the ambipolar property. J. Phys. Chem. C 2013, 117 (16), 8420-8428.

[217] Hines D A, Darzi E R, Hirst E S, et al. Carbon nanohoops: Excited singlet and triplet behavior of aza [8] cpp and 1, 15-diaza [8] cpp. J. Phys. Chem. A 2015, 119 (29), 8083-8089.

[218] Van Raden J M, Darzi E R, Zakharov L N, et al. Synthesis and characterization of a highly strained donor-acceptor nanohoop. Org. Biomol. Chem. 2016, 14 (24), 5721-5727.

[219] Baranac-Stojanović M. Aromaticity and stability of azaborines. Chemistry - A European Journal 2014, 20 (50), 16558-16565.

[220] Campbell P G, Marwitz A J V, Liu S-Y. Recent advances in azaborine chemistry. Angew. Chem. Int. Ed. 2012, 51 (25), 6074-6092.

[221] Liu Z, Marder T B. B n versus c c: How similar are they? Angew. Chem. Int. Ed. 2008, 47 (2), 242-244.

[222] Wang X-Y, Wang J-Y, Pei J. Bn heterosuperbenzenes: Synthesis and properties. Chem. Eur. J. 2015, 21 (9), 3528-3539.

[223] Liu X, Zhang Y, Li B, et al. A Modular Synthetic Approach to Monocyclic 1, 4-Azaborines. Angew. Chem. 2016, 128 (29), 8473-8477.

[224] Chrostowska A, Xu S, Mazière A, et al. Uv-photoelectron spectroscopy of bn indoles: Experimental and computational electronic structure analysis. J. Am. Chem. Soc. 2014, 136 (33), 11813-11820.

[225] Zeng T, Ananth N, Hoffmann R. Seeking small molecules for singlet fission: A heteroatom substitution strategy. J. Am. Chem. Soc. 2014, 136 (36), 12638-12647.

[226] Xu S, Mikulas T C, Zakharov L N, et al. Boron-substituted 1, 3-dihydro-1, 3-azaborines: Synthesis, structure, and evaluation of aromaticity. Angew. Chem. Int. Ed. 2013, 52 (29), 7527-7531.

[227] Campbell P G, Marwitz A J V, Liu S-Y. Recent advances in azaborine chemistry. Angew. Chem. Int. Ed. 2012, 51 (25), 6074-6092.

[228] Liu Z, Ishibashi J S A, Darrigan C, et al. The least stable isomer of bn naphthalene: Toward predictive trends for the optoelectronic properties of bn acenes. J. Am. Chem. Soc. 2017, 139 (17), 6082-6085.

[229] McWeeny R. Some recent advances in density matrix theory. Rev. Mod. Phys. 1960, 32 (2), 335-369.

[230] Li Y, Ullrich C A. Time-dependent transition density matrix. Chem. Phys. 2011, 391 (1), 157-163.

[231] Hirata S, Head-Gordon M. Time-dependent density functional theory within the Tamm-Dancoff approximation. Chem. Phys. Lett., 1999, 314, 291-299.

[232] Taubert S, Sundholm D, Pichierri F. Magnetically Induced Currents in [n]Cycloparaphenylenes, n=6-11. J. Org. Chem., 2010, 75, 5867-5874.

[233] Baird N C, Hirata S, Head-Gordon M. Time-dependent density functional theory within the Tamm-Dancoff approximation. Chem. Phys. Lett., 1999, 314, 291-299.

[234] Kato H, Brink M, Möllerstedt H, et al. Z/e-photoisomerizations of olefins with 4nπ- or (4n + 2) π-electron substituents: Zigzag variations in olefin properties along the t1 state energy surfaces. J. Org. Chem. 2005, 70 (23), 9495-9504.

[235] Gogonea V, Schleyer P v R, Schreiner P R. Consequences of triplet aromaticity in 4nπ-electron annulenes: Calculation of magnetic shieldings for open-shell species. Angew. Chem. Int. Ed. 1998, 37 (13-14), 1945-1948.

[236] Oh J, Sung Y M, Kim W, et al. Aromaticity reversal in the lowest excited triplet state of archetypical möbius heteroannulenic systems. Angew. Chem. Int. Ed. 2016, 55 (22),

6487-6491.

[237] Karadakov P B. Ground- and excited-state aromaticity and antiaromaticity in benzene and cyclobutadiene. J. Phys. Chem. A 2008, 112 (31), 7303-7309.

[238] Kastrup C J, Oldfield S P, Rzepa H S. The aromaticity and mobius characteristics of carbeno [8] heteroannulenes and triplet state annulenes. Chem. Comm. 2002, (6), 642-643.

[239] Perdew J P, Burke K, Ernzerhof M. Generalized gradient approximation made simple [phys. Rev. Lett. 77, 3865 (1996)]. Phys. Rev. Lett. 1997, 78 (7), 1396-1396.

[240] Peach M J G, Tozer D J. Overcoming low orbital overlap and triplet instability problems in tddft. J. Phys. Chem. A 2012, 116 (39), 9783-9789.

[241] Peach M J G, Williamson M J, Tozer D J. Influence of triplet instabilities in tddft. J. Chem. Theory Comput. 2011, 7 (11), 3578-3585..

[242] Lu T, Chen F. Multiwfn: A multifunctional wavefunction analyzer. J. Comput. Chem. 2012, 33 (5), 580-592.